ガリガリ君の秘密

赤城乳業・躍進を支える「言える化」

遠藤功

Isao Endo

nbb
日経ビジネス人文庫

1981年発売当時のガリガリ君。
モチーフは「昭和30年代のガキ大将」→p76

常に世間をあっと言わせ、大きな話題を提供してきたガリガリ君。
2012年発売の「ガリガリ君リッチコーンポタージュ」も大ヒットになった→p32

設立当初の赤城乳業（1961年）。
1964年に発売した「赤城しぐれ」
のヒットで大きく躍進した→ p66

歴代ガリガリ君のキャラクター。
2000年にいまのデザインになった。右は妹の「ガリ子ちゃん」→p85

大人も子どもも楽しめるあそび心が溢れる「ガリガリ君広場」→p108

異なるフレーバーのガリガリ君を
虹のように並べ、楽しさを演出した
「レインボー売り場」は高い評価を得た→p125

常に小ネタを用意して活性化し続ける。
「ガリガリ君」のアイス専用スプーン入れと「ガリガリ君ゴールドカード」。
このカードは選ばれたガリガリ部部員だけがもてる→p127

お気軽パック
2枚入り
Leaffresh
ガリガリ君
冷却シート
朝まで長持ち
10時間冷却!
ひえ〜!
2枚入り
イラスト入り
ソーダの香り

Leaffresh
ガリガリ君
Ice Towel
除菌
Soda
ソーダの香り
氷タオル
つめた〜い
スポーツ、レジャーのお供に!
1枚入り

ON
ガリガリ君
ちゅうい
きけん
10分おきに自動でお知らせ!
危険性をブザーで警告
日本気象協会監修
熱中予防と対策に!!
金色のガリガリ君熱中指標計もらえる!!
当たりスティックが出たらもれなく
携帯型熱中指標計
見守りっち
ガリガリ君

ライオン
こども
ハミガキ
数量限定
ガリガリ君
ソーダ香味
Gari Gari kun Soda
LION
ライオン
こども
ハミガキ
数量限定
ガリガリ君
コーラ香味
Gari Gari kun Cola
LION

「ガリガリ君」人気を後押しするさまざまなコラボグッズ

同じフレーバーで3つのパッケージを用意するのも小ネタのひとつ→p127

こどもがよろこぶ「夢」いっぱいのアイスを。という赤城乳業の願いから生まれた「ガリガリ君」。あのガリガリという食感も。アイスの鮮やかな水色も。ドキドキする当たり付きも。50円という価格設定(当時)も。そして、おなじみの元気なキャラクターも。開発当初から何よりもたいせつにしてきたこと。それは、「遊び心」でした。さあ、これからもみんなでもっともっと遊びをたいせつに考える赤城乳業を目指しましょ。商品を考え出す時も、つくる時も、お届けする時も。もっともっと「遊び心」をたいせつにしていきましょ。(お客さまもきっと、赤城乳業の遊び心を期待しているはずだから。)「遊び心」にも、きちんとまじめに取り組みましょ。(素材やお客さまの健康に気づかうことが、安心して遊んでもらうことにつながるはずだから。)ひとりひとりが「遊び心」いっぱいの人生を送りましょ。(そんな人たちが集まれば、小さくても強い会社にきっとなれるはずだから。)少し憂鬱な世の中を、赤城乳業の「遊び心」で明るくしましょ。(わたしたちは、おいしさと楽しさと豊かさを提供する、ドリームメーカーだから。)

あそびましょ。
AKAGI

赤城乳業のホームページ内に掲げられている、
アイスの形をした「あそび心」あふれる会社案内→p24

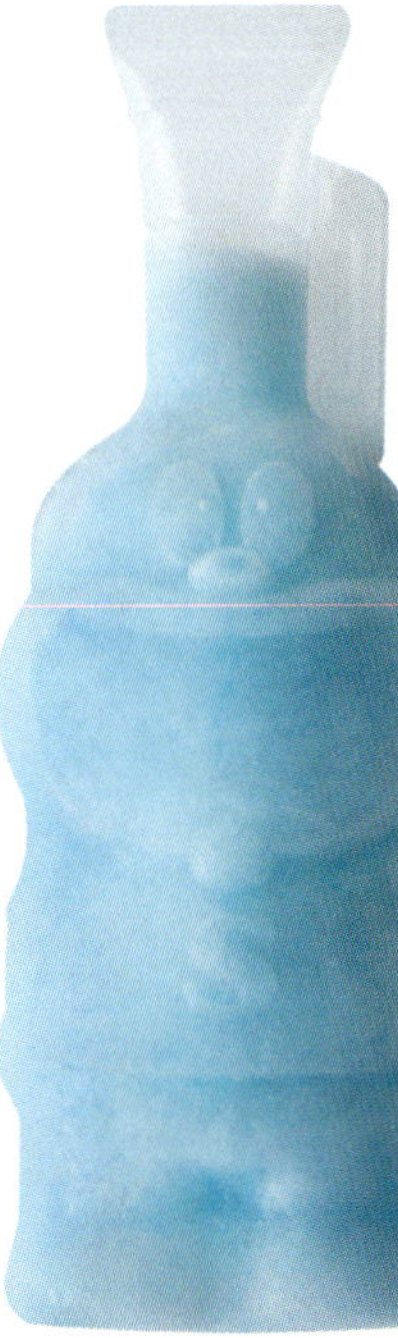

2013年夏、再発売された「シャリシャリ君」→p163

ガリガリ君だけが商品ではない。
次々と話題性の高いヒット作を世に送り出している→p91

2018年にオープンした「AKAGI R&D FUTURE LABO」。外観は赤城乳業らしい遊び心に満ちており、オフィススペースはアイデアが出やすい空間にすることにこだわってレイアウトされている→p238

ガリガリ君、ついに海を越える！
2016年にはタイに進出した→p244

ソフトクリームの「頭」だけを商品にするという、
意外な発想から生まれた「ソフ」。
インパクトのある宣伝も話題になった→p236

ガリガリ君の秘密
赤城乳業・躍進を支える「言える化」

遠藤 功

日経ビジネス人文庫

文庫版まえがき——今こそお手本にすべき経営がここにある

本書は2013年10月に潮出版社から刊行した単行本『言える化』を文庫化したものである。この本は国民的アイスキャンディである「ガリガリ君」を生み出した赤城乳業という会社を舞台にしたビジネスノンフィクションである。

平成という時代は、多くの日本企業が個性を失い、その存在感が希薄化した時代だったとも言える。今一度大戦略を立て直し、組織全体の活力を取り戻さなければ、令和という時代はさらに厳しい局面に立たされるだろう。

そんななかでも、個性を際立たせ、活力にみなぎる会社は存在する。その代表格が赤城乳業だ。

単行本を出版した時点では6年連続増収（V6）を達成していたが、それ以降も勢いは衰えず、2018年にはなんと12年連続増収（V12）を実現した。日本経済が縮んでいく中でも、会社は成長、発展できることを証明している。

厳しい経営環境をものともせず、赤城乳業はどうして成長、発展を続けることができるのか。その秘密を解き明かすのが、本書の狙いである。

その秘密を垣間見ることができるエピソードをひとつだけ紹介しよう。

2013年に単行本を刊行した際、出版記念イベントを丸の内で開催した。当日は200人近い参加者で会場は満席だった。

トークショーの内容は、本書にも登場する赤城乳業の20代、30代の若手社員3人と私が赤城乳業の経営について語るというものだった。赤城乳業のご厚意で、参加者全員にアイスを配るというサプライズもあり、会場は大いに盛り上がった。

実は、私が当初考えていたイベントの内容は、私と井上秀樹社長（当時、現会長）との対談だった。メディアにほとんど登場されない井上社長から、赤城乳業の経営のエッセンスについて直々に語っていただきたいと私は考えていた。

しかし、井上社長はそれを固辞された。代わりに、若手社員たちに思う存分語らせてほしいと依頼され、トークショーへと模様替えした。そして、その試みは成功した。

井上社長はお忍びで会場に来られ、隅っこでトークショーの様子をご覧になっていた。

井上社長が会場におられることを知った私は、イベントの締めくくりに「今日は井上社長が会場に来られています。すいませんが、社長、ひとことお願いできませんか」とマイクを向けた。事前の打ち合わせもない、突然の無茶ぶりである。

静かに立たれた社長は、短いが力強くこう話された。

「すべては社員たちの頑張りのお蔭です。本当にありがとう！」

会場は割れんばかりの拍手に包まれた。

若手社員たちにここまであけっぴろげに感謝を表す社長が、いまどきどれだけいるだろうか。経営者と社員がこれほどつながっている会社がどれほどあるだろうか。

赤城乳業という会社が12年も連続で成長できている理由の一端は、間違いなくここにある。

文庫化にあたっては、2016年に経営トップの座を引き継いだ井上創太社長へのインタビューを巻末に加えた。リーダーが代わろうとも、その基本思想はきちんと受け継がれている。

なお、取材当時の熱気を活かすため、本書の記述内容、赤城乳業のみなさんの肩書き・年齢、経営数字などは、基本的に単行本刊行時のままとしている。その後の変化は、巻末のインタビュー内でできる限りフォローしているので、あわせてご覧いただきたい。

本書が、経営において大事なものとは何かを考えるヒントになれば著者として大きな喜びである。

令和元年5月

遠藤功

もくじ

プロローグ
こんなに面白い会社がまだ日本にはあったんだ！

第1章
躍動する若者たち

第2章

「強小カンパニー」への道程

第3章 ドリームファクトリーの建設

第4章 「ガリガリ君」大ブレーク！

第5章

「言える化」こそ競争力

第6章 自分のために働け

第7章 躍動する若者たち、再び

プロローグ

Prologue

こんなに面白い会社がまだ日本にはあったんだ！

「秘密基地」のある会社

ＪＲ埼京線北戸田駅。日本で一番売れているアイスキャンディ「ガリガリ君」で知られる赤城乳業の取材はここから始まった。

改札口で出迎えてくれたのは須藤はるかさん。総務部に勤務する入社8年目の女性だ。

須藤さんの上司で、執行役員総務部長の本田文彦さんの運転で、初めての取材先に向かった。車で10分ほど走ると、住宅街の中の社宅のような建物の前に停まった。5階建ての相当年季の入った建物だ。

「さあ、着きましたよ」

本田さんに声を掛けられたが、私は何が何だか分からない。今日の最初の取材は営業本部のはずだ。私はてっきりどこかのオフィスビルに行くものと思っていた。

車を降り、その建物の入り口の小さな看板を見て、ようやく事態が呑み込めた。そこには「赤城乳業株式会社営業本部」の文字があった。

そう、ここは赤城乳業の古い社宅。そこを営業本部の事務所として使っているのだ。

エレベーターなどないので、どこかのお宅を訪ねるように階段を上ると、各部屋の扉には「広域量販部」「専務室」などの看板が掲げられている。そして、3階の会議室に通され、取材が始まった。

赤城乳業は以前、浦和に工場を持っており、この社宅はそこで働く社員たちのために造られた。その後、工場を集約し、浦和の工場は閉鎖となったので、今ではこの古びた社宅を営業本部の事務所として使い、約30名の社員がここで働いている。

工場と違って、営業の事務所は建物や設備にお金をかけても、直接的な利益を生むわけではない。さすがに社宅を利用している例に出会ったのは初めてだが、他の会社でもコストダウンのために営業所を集約したり、在宅勤務にすることはよくあることだ。

赤城乳業のすごいところは、社宅活用を単なる経費削減で終わらせないところだ。

この営業本部は主要取引先である卸《おろし》・小売業の担当者の間では、「赤城乳業の秘密基地」としてよく知られているという。けっして便利、お洒落《しゃれ》とは言えないこの事務所に辣腕《らつわん》バイヤーたちは足を運び、新商品や販促の打ち合わせを行っているのだ。

無邪気な子どもたちが隠れ家のような「秘密基地」をつくり、〝作戦会議〟を開くように、大の大人たちがまるで見えない磁力に吸い寄せられるようにここに集まってくる。そして、「今度どんなアイス出す？」「どうやってお客さん驚かす？」などと話し合っている。

私は「秘密基地」のある会社と初めて出会った。

ワンダーランド

経営コンサルタントとして約25年、数百もの企業と接してきた。さまざまな経営の「形」を見てきたので、正直、「この会社はすごい！」「これは面白い！」という「サプライズ」と出会うことはほとんどなくなってしまった。

日本企業はいつしか同質化し、個性を失ってしまった。情報化社会の罠にはまり、他社の真似ごとばかりを繰り返し、いつの間にかアイデンティティを喪失してしまう。

しかし、赤城乳業という会社は違った。この会社と出会い、この会社のことを知れば知るほど、いくつもの新鮮な「驚き」と出会い、ワクワクすることばかりだった。まるで「ワンダーランド」（不思議の国）のようだ。

業績は好調だ。2012年の売上高は353億円。成熟化し、低迷が常態となってしまった日本市場で、6年連続増収（V6）を達成した。

2003年と2012年の売上高を比較すると、191%の伸び。10年間で売上高をほぼ倍増させた。

看板商品である「ガリガリ君」はここ数年驚くほどの勢いで売上を伸ばし、2012年の売上本数はなんと4億3千万本。子どもだけでなく、幅広い層に支持される国民的アイスキャンディになった。

売れているのは、「ガリガリ君」だけではない。「ドルチェTime」や「濃厚旨《うま》

ミルク」、「ガツン、とみかん」「BLACK」など話題性の高いヒット商品も連発している。

しかし、私の「驚き」はそんな表面的なことではない。業績は所詮結果にすぎない。赤城乳業という会社自体が「サプライズ」であり、実に面白いのだ。

たとえば、2010年にオープンさせた最新鋭工場には120億円もの資金を惜しげもなく投下している。今どき日本国内でこれだけの規模の工場を新設する話などめったに聞かない。

最新鋭の設備を誇る2010年オープンの赤城乳業「本庄千本さくら『5S』工場」

営業本部は古びた社宅を再利用するが、かけるべきところには思い切りお金をかけている。単なる〝ケチ〟な会社ではこうはいかない。

しかも、その工場では従来の食品工場の考え方を一掃し、製薬企業並みの品質管理、衛生管理、環境対策を施している。欧州のトップメーカーの幹部が視察に訪れた際、その水準の高さに驚き、感心したほどである。

また、「見せる・観せる・魅せる工場」を標榜し、広く工場見学者を受け入れている。工場のオープン以来、毎年1万人以上の見学者が押し寄せている。閉鎖的と言われるアイス業界では画期的なことだ。

なかでも、私にとって一番の「驚き」は、この会社の20代、30代の若手社員たちが実にイキイキと働き、戦力の中核を担っていることだ。若い人たちの眼がこれほど輝いている会社を私は他に知らない。

こんなにワクワクする面白い会社が今でも日本にある。それこそが私にとって最大の発見だった。

あそびましょ。

赤城乳業のコーポレートスローガンは、「あそびましょ。」。アイスクリームという美味しさと楽しさと笑顔を届ける商品をつくる会社にとって、なにより大切なのは「あそび心」。「あそびましょ。」という言葉には、そんな思いが込められている。

ホームページの会社案内には、その「あそび心」の大切さが語られている。手書きの筆致で、しかも一口齧《かじ》ったアイスをデザインしたこの会社案内そのものにも、「あそび心」が溢《あふ》れている。

古い社宅を「秘密基地」にしてしまうのも、「あそび心」があるからこそできることだ。「なんでこんなところが営業本部なの」と文句を言って、ふてくされても何もよいことは生まれない。

古い社宅を営業本部に使っている会社なんて他にはない。だったら、それを逆手にとって、みんなが密かに集まる「秘密基地」にしてしまえ。これこそ「あそび心」の発想だ。

「あそび心」があれば、一見マイナスに思えることでもプラスに変えることができる。何気ない小さなことでも豊かさや楽しさにすることができる。

社員一人ひとりが常に「あそび心」を持ち、アイスづくりのすべてにおいて「あそびましょ。」を実践する。赤城乳業という会社が醸《かも》し出すワクワク感は、ここから生まれているのは間違いない。

「強小カンパニー」を目指して

順調に成長しているとはいえ、赤城乳業はけっして大企業ではない。規模的には中堅企業だ。競争相手であるロッテ、江崎グリコ、森永乳業、明治といった会社と比べると、規模や総合力という面ではなかなか太刀打ちできない。

一般的には、規模が小さいことは弱いことを意味し、「弱小」と言われる。しかし、小さいから弱いというのではあまりに普通すぎて、面白くない。

小さくても強い。小さいからこそ強い。「弱小」ではなく、「強小《きょうしょう》」を目指す。これが赤城乳業の目指す会社像だ。

社長の井上秀樹さんはこう強調する。

「私たちは単に大きな会社を目指してきたわけではない。規模は小さくても強い会社、いわば『強小カンパニー』を目指してやってきた」

グローバル競争に打ち勝つためにという名の下、慣れない企業買収などを仕掛け、闇雲《やみくも》に規模だけを追求してきた結果、低迷している大企業はけっして少なくない。「体格」を追求することに奔走してきたが、肝心の「体質」は劣化し、中途半端な規模を持て余し、競争力の低下に喘いでいる。「体質」を犠牲にする「体格」の追求は自殺行為であることに気が付いていない。

赤城乳業の秀《ひい》でた競争力の本質は、その「体質」の良さである。「あそび心」を大切にし、社員一人ひとりが「まじめにあそぶ」ことこそが、「良き体質」の表れである。

ホームページの会社案内の一文にその思いが込められている。

「ひとりひとりが〝遊び心〟いっぱいの人生を送りましょ。(そんな人たちが集まれば、小さくても強い会社にきっとなれるはずだから。)」

何でも「言える」会社になろう

「強小カンパニー」を実現するためのもうひとつのキーワードが、「言える化」である。

「言える化」という耳慣れない言葉は、井上社長から教えていただいた。彼の信念にもとづく独自の言葉だ。

その意味するところは、読んで字の如く、社員が何でも自由闊達《かったつ》に「言える」ような会社になるということである。

私は2005年に『見える化』（東洋経済新報社）という本を出版し、いかに「見える」ことが大切かについて書いたが、「言える」ことの重要性については考えたことがなかった。

何でも自由に言えるというのは、一見当たり前のことのように思えるが、実はこれが難しい。何か言いたいことがあっても、言える場がない、言えるような雰囲気ではないという状況に陥ってしまっている会社は多い。そして、それが組織の活力を奪っていく。

経営者の方々に「お宅の会社は〝言える化〟はできていますか？」と尋ねると、「うちの会社は心配ない。風通しはいいから、社員たちはみんな自由に発言してい

る」という答えが大抵返ってくる。

しかし、実際に社員たちの声を聞くと、「何でも〝言える〟とは程遠い。言いたいことがあっても、みんな押し黙っている」と言う。経営者と社員の温度差は大きい。

なぜ赤城乳業では「言える化」が機能しているのか？　それは経営者や管理職、そして社員たちが何でも自由に言えるという「言える化」の土壌を、丁寧にそしてコツコツと耕してきたからだ。

だからこそ、社員一人ひとりが「あそび心」を大切にし、仕事を楽しみながら、新しいことに挑戦し、成果を生み出している。「強小カンパニー」は「言える化」という土壌を育《はぐく》み、それを加速する仕組みをつくってこそ実現できるものなのだ。

「ガリガリ君」という最強のキャラクターの話題性ばかりに目が行きがちだが、多くの日本企業が忘れてしまったいくつもの大切なことや強くて楽しい会社になるためのヒントがこの会社には詰まっている。

「ガリガリ君」は国民的アイスキャンディになったが、それをつくっている赤城乳業という会社はベールに包まれている。

今回、井上社長に特別のお許しをいただき、社長をはじめ役員や社員20名以上の皆さんからお話を聞くことができた。本書はそれらの話をもとに、赤城乳業という「ワンダーランド」の全体像を解明しようとしたものだ。

さあ、日本で一番ワクワクする会社を探訪する旅に一緒にでかけよう。

第1章

Chapter 1

躍動する若者たち

1 「コンポタ」を大ヒットさせた20代コンビ

発売3日で販売休止

ものが売れないと言われて久しいなかで、発売３日にして販売休止となったアイスがある。赤城乳業が２０１２年９月に販売を開始した「ガリガリ君リッチコーンポタージュ」である。通称「コンポタ」と呼ばれている。

アイスとコーンポタージュという予想外の組み合わせが大受けし、販売予測を大幅に上回り、商品供給が間に合わなくなってしまったのだ。

「コンポタ」は発売と同時にツイッターなどのソーシャルメディアで大きな話題となり、若い世代を中心に瞬く間に広がっていった。販売休止となった９月６日のツ

イッターRT（リツイート）ランキングでは、上位10位までのうちなんと5つが「コンポタ」関係。話題を独占した。

「〝コンポタ〟をレンジでチンして飲むと美味しい！」など予想外の反応や噂が連鎖し、「コンポタ」というひとつの独自世界ができあがっていった。

赤城乳業が「コンポタ」にかけたマーケティングコストは、ニュースリリース配信代のわずか15万円のみ。それがソーシャルメディア上で話題の連鎖を生み出し、広告宣伝費に換算すると5億円以上もの効果に化けた。それだけ商品に独自性、意外性があった証でもある。

この異色のサプライズ商品を生み出したのは、20代の若い二人組だった。開発を担当したのは、開発部応用研究チームの岡本秀幸。大学で経営工学を学び、２００９年に入社した。いたずらっ子のように目が輝いている若者だ。

岡本とペアを組んだのは、本庄工場製造課の岡村哲平。大学で畜産を学んだ岡村は２００７年に入社以来、製造や品質保証の仕事に携わっている。実直そうな性格がストレートに伝わってくる。

入社3年目と5年目の若きペアが、他の会社だったら間違いなく「暴走」と言われるほど突っ走り、その若い感性を活かしたヒット商品づくりに成功したのだ。

守りに入ってんじゃないの？

赤城乳業では「ガリガリ君」などの主力商品は、プロジェクト方式で開発が進められる。商品開発部門だけでなく、製造や品質保証、営業など機能横断的なメンバーが選抜され、プロジェクトが組織され、新商品の検討が進められる。

「ガリガリ君プロジェクト」の構成メンバーは8名。20代から40代まで幅広い年齢層から選ばれるが、年齢や職位に関係なく、自由闊達な議論が行われる。

2012年秋に投入する新商品はその年の春に議論を開始したが、どこか重苦しい雰囲気でスタートした。それはある小売業の担当者から厳しい指摘があったからだ。

「最近の『ガリガリ君』のリッチシリーズ、攻めてないよね。守りに入ってんじゃ

ないの？」

発売30年を迎えた「ガリガリ君」はソーダ味というロングセラーに加えて、毎シーズン話題となる新商品を出すことによって、市場を活性化させ、成長を支えてきた。なかでも、価格帯が少し高いリッチシリーズは2006年の発売開始以来、さまざまな異色のフレーバー（味）を開発し、人気を博してきた。

そのリッチシリーズに赤城らしい「あそび心」や「冒険心」が感じられないという担当者からの指摘をメンバーたちは重く受け止めていた。世の中をアッと言わせるような野心的な新商品を出したい！　メンバーたちの気持ちに火が付いた。

みんなで新商品のアイデアを出し合うと、約40ものアイデアが集まった。そこからさらに議論を重ね、試作品をつくる最終候補として5種類に絞り込まれた。

「コンポタ」はその中のひとつだった。アイデアを出したのは岡本だ。そのきっかけは駄菓子屋などで人気のある菓子「うまい棒」だった。「うまい棒」はやおきんが販売している棒状のスナック菓子で、子どもたちに絶大な人気がある。

めんたい味やチーズ味などさまざまなフレーバーを投入し、それも人気の秘密だった。岡本は「うまい棒」のコーンポタージュ味が人気があるのに目を付けた。

さらに、何気なく見ていたテレビで、あるお笑いタレントが「コーンポタージュ嫌いな奴っていないよな」とつぶやくのが耳に残っていた。

「コーンポタージュ味のアイスっていけるんじゃないか……」

岡本の「あそび心」がモゾモゾ動き始めた。

岡本が提案した「コンポタ」はプロジェクト内で5つの最終候補に残り、試作品づくりに移った。試行錯誤の末につくった「コンポタ」の試作品の完成度はきわめて高かった。

実は、「コンポタ」の試作品の完成度が高かったのには理由がある。通常、試作品は1回では思った味が出ないので、2回つくることが多い。

しかし、「コンポタ」は何度も試作を繰り返していたのだ。これでは完成度に違いが出るのは当たり前だ。

岡本は「なんとか〝コンポタ〟を世に出したい」という強い思いから、プロジェクトに提案する前から、密かに試作品をつくっていたのだ。

最大の関門

いくら完成度の高い試作品ができても、それはまだ最終決定ではない。社長を議長とするＢＤＣでのプレゼン、味見という最大の関門を突破しなければ、商品化にこぎつけることはできない。

ＢＤＣはBrand Driving Commiteeと呼ばれる委員会。赤城乳業の新商品の投入はここで最終意思決定が行われる。

構成メンバーは約15名。メンバーは営業本部、開発本部、生産本部から機能横断的に選ばれる。社長や専務、常務などに加えて、係長クラスも名を連ねている。役職ではなく、適任者をメンバーとして選ぶのがいかにも赤城乳業らしい。

ＢＤＣへのプレゼンは商品の提案者である26歳（当時）の岡本が行った。赤城乳業ではこうした場では、年齢や職位に関係なく起案者が行うことになっている。入社3年目の平社員が、社長をはじめとするＢＤＣメンバーに向かってプレゼンをするのだ。

会議では否定的な意見も多かった。味見をして、「味が新しすぎる」という指摘をするメンバーもいた。世の中に存在しない商品なのだから、ある意味当たり前だ。

特に、営業部門は慎重だった。確かに新奇性はあるが、受けるか受けないかはまったく読めない。これまでにも斬新な商品がコケたことはいくらでも経験している。売上という責任を負う営業部門としては慎重にならざるをえない。

そんなやりとりを聞きながら、社長の井上はこう考えていた。

「みんながいいぞっていうのはたいして売れない。〝失敗してもいいから好きにやってみろ〟と社長が覚悟を決めれば、みんな自由に動きだす」

そして、試作品の味見をした井上は、ただ一言こう言った。

「ベリーグッド！」

「コンポタ」の商品化が決まった瞬間だった。

実機ラインを止めてテスト

商品化が正式に決まって、次のステップに進むことになった。

しかし、この実際の商品化は試練の連続だった。まずは、レシピをつくり、原材料を選定して、工場の実設備の1000分の1スケールの試作機で商品化に挑戦した。

コーンの風味と食感を味わってもらおうと、アイスの中にコーンを入れることを決めていたのだが、重さの軽いコーンはどうしても浮いてしまい、コーンが均等に散らない。これでは味の均一性がなくなり、致命的な欠陥になってしまう。

思いあぐねた岡本が相談したのが、岡村だった。製造の専門家である岡村は、岡本の熱意を受け止めたが、この問題の解決が容易ではないことも認識していた。

「これは試作機で解決できる問題ではない。仮に試作機でうまくいっても、肝心の本生産でうまくいかなくては取り返しがつかないことになる。ラインの実機でテストをしよう」

そう考えた岡村は上司を説得し、実機ラインを使ったテストの実施にこぎつけた。実際に稼働しているラインを止め、無理矢理ラインを空けてもらってテストを行うという無茶な要望だった。

それでも製造部門の人たちは、二人のチャレンジに協力を惜しまなかった。若い岡本や岡村が頭を下げてお願いにきている。「なんとか協力してやろう」という気持ちをみんな持っていた。

できなかったら、やばいな……

その一方で、「言い出しっぺ」の岡本は、少しずつプレッシャーを感じ始めていた。事がだんだんと大きくなっていったからだ。

試作機でやっている分にはリスクは小さいが、実機ラインを止めてまでテストをするとなると、単なる失敗ではすまされない。このテストのために調達した原材料

は、合計で3000リットル。氷は1300キログラム。「コンポタ」専用の機械まで調達せざるをえなかった。

それらにかかった費用は、数千万円にも上る。さすがの岡本も「これで商品化できなかったら、やばいな……」と感じていた。

同様のプレッシャーは岡村も感じていた。実機ラインを使ったテストなど前例がない。上司や製造現場のスタッフに頭を下げて、協力してもらっている以上、なんとしても商品化しなくてはならなかったのだ。

大きなプレッシャーの中、ラインテストは計3回行われた。そこでも何度も予想外のトラブルに見舞われたが、みんなで知恵を出し合い、乗り切った。

そして、ようやく二人が納得する商品ができ上がった。大ヒット商品「ガリガリ君リッチコーンポタージュ」が完成した瞬間だった。

2 「やばい」は一人前への登竜門

普通すぎると、めっちゃ怒られる

赤城乳業では岡本、岡村コンビのような若手社員の活躍をいくらでも見つけることができる。一般の企業なら、まだ見習い気分が抜けない入社数年目の社員が戦力になるどころか、大きな仕事をしでかしている。

たとえば、岡本と同じ開発部に属する影山泰大《やすひろ》は２００６年の入社だが、いくつものヒット商品の開発に成功し、今では係長として大手コンビニ向けの商品開発を統率している。

入社後、開発部に配属された影山はいきなり「ガリガリ君」の担当を命じられた。

まだ右も左も分からない新入社員に、会社の屋台骨の商品を任せてしまうところが赤城乳業という会社の真骨頂だ。

しかし、当然うまくいかない。なんとかアイデアをひねり出して、苦し紛れで新商品の提案を上司にしたところ、「お前、これ自分で何点だと思っているんだ？」と詰問された。

自信などまったくなかったので、思わず「60点です」と正直に答えると、「60点のものを売っていいんか！」とすごい剣幕で怒鳴りつけられた。新入社員だからといって、仕事の中身については容赦はない。

そんな経験を積み重ねながら、影山は少しずつ商品開発の勘どころを身に付けていった。そして、影山はあることに気が付く。それは「普通すぎると、めっちゃ怒られる」ということだ。

無難な、当たり障りのない、誰でも思いつくようなアイデアは、赤城乳業では絶対に評価されない。〝普通〟は赤城乳業ではまったく価値がないことを意味している。

だからといって、あまりに奇抜すぎたのでは、浮いてしまう。その加減が実に難しい。

ある大手コンビニ向けの新商品では、数千万円もする機械を導入することになった。しかし、売れ行きは散々だった。商品をつくりながら、売れずに半分は廃棄する状況に、影山は青くなった。そして、小さく呟《つぶや》いた。

「やばい……」

影山や岡本と同じように、赤城乳業の若手社員の多くは、入社数年で「やばい」という状況を体験する。仕事を任され、一見楽しそうに仕事をしているように見えるが、実は会社は社員たちを追いこんでいる。

人間は「やばい」という状況に追い込まれてこそ本気の力を発揮する。若くして「やばい」を体験することは、一人前になるための登竜門なのである。

しあわせになるアイスをつくりたい

影山と同様、開発部で活躍する菅野《かんの》さくらは2006年の入社だ。人気商品の「濃

厚旨《うま》ミルク」などを担当するヒットメーカーだ。一見おっとりしているように見えるが、その話ぶりからは芯の強さが伝わってくる。

アイスが好きで赤城乳業に入社した菅野のモットーは、「しあわせになるアイス」をつくることだ。ただ美味しいだけでなく、食べながら「しあわせ」を感じるようなアイスをつくりたいと願いながら、仕事に没頭している。

「ガリガリ君」に代表されるように、赤城乳業の商品は巧《たく》みなマーケティングによる話題性に目が行きがちだが、その基本はあくまでも味である。いくら話題性があっても、肝心の味がよくなければ結果はついてこない。

そして、その味には赤城乳業ならではのこだわりがある。たとえば、果実を素材にしたアイスなら、その素材の味が「はっきりくっきり」出過ぎるのはよくないとされている。

素材を前面に出すのは比較的簡単だ。しかし、それでは素材そのものを食べればよい。アイスという商品として美味しく味わってもらうためには、微妙だけど複雑で後味に印象が残るようなレシピを開発することが肝心だ。

商品開発担当者の腕の見せ所はここだ。ちょっとした隠し味を潜《ひそ》ませたり、意外な組み合わせを考案したりすることに担当者は腐心する。

入社当初の菅野は、そうした〝赤城らしい〟商品を開発するコツがつかめずに苦労した。色々と挑戦しても、自信を持てる味が出せない。当然、実績もついてこない。

「私にはムリなのかな……」

菅野は自信を失っていた。そんな時、ある先輩社員に「ガツン！」とくる厳しい一言を浴びせられた。

「〝私なんて〟って思っている人がつくったアイスなんか誰も食べないよ！」

その一言で菅野は目が覚めた。

「結果が出ないからといって、めげていては何も変わらない。私は〝しあわせになるアイス〟をつくるためにこの会社に入ったんだ」

「やばい」状況にいた菅野を、先輩の一言が救った。そして、菅野は自分ならではの〝しあわせのレシピ〟づくりに取り組み始めた。

機動力と提案力で勝負する

若手社員の活躍は営業部門でも顕著だ。その筆頭が、広域量販部の篠原裕佳《ゆか》だ。2006年入社。菅野と同期だ。

「秘密基地」で会った篠原はとても小柄で、大学生といっても通用するほど若く見える。しかし、その話しぶりはトップセールスの自信に充ちていた。

篠原にとってこの「秘密基地」は住まいでもある。社宅の一部は今でも独身社員用に使われている。職住接近どころか、〝職住同一〟だ。

篠原は入社後、横浜営業所で3年勤務した後、広域量販部に異動。現在はある大手コンビニチェーンを担当している。

競争相手である他のアイスメーカーの営業担当は、30代、40代の男性が大半だ。その中で、20代の女性である篠原は異色の存在だ。

しかし、篠原の実績は飛び抜けている。スペースに限りのあるコンビニの売り場では、そもそも取り扱うアイスの種類に限界がある。しかも、売れ行きが悪ければ、すぐに外されるという弱肉強食の世界だ。

そんな環境の中で、赤城乳業の定番商品のシェアを着実に増やすと同時に、コンビニオリジナルのPB（プライベートブランド）商品の取り扱いも増やしている。「コンポタ」をコンビニに最初に売り込んだのも篠原だ。

赤城乳業の営業の最大の武器は、その機動力と提案力にある。意思決定が速く、小回りが利く。篠原も担当するコンビニチェーンの本部に週に1～2回は顔を出す。競合の営業と比べると、その頻度はとても高い。

しかし、単なる御用聞きに訪ねるのでは、意味がない。忙しいコンビニのバイヤーの時間をもらうのだから、価値ある提案や情報を持ちこまなければ門前払いで終わってしまう。

赤城乳業の営業提案力には定評がある。単に新商品を売り込むのではなく、アイス売り場の活性化につなげるための現状分析、課題提示、そして解決策の提案につなげなくてはならない。

篠原も上司や先輩の協力を得ながら、提案能力に磨きをかけてきた。たとえば、アイス売り場ではコーンソフトクリームは定番商品のひとつであり、常に人気がある。篠原は担当するコンビニチェーンの商品別売り上げ分析を行い、このコーンソフトクリームの売り上げが今ひとつ伸び悩んでいることを掴《つか》んだ。

その時、コーンソフトクリームは競争相手のメーカーが供給していた。篠原はアイス売り場の看板商品であるコーンソフトクリームを魅力あるものにし、アイス売り場全体の活性化につなげる新商品提案、販促提案を行い、見事採用された。若い篠原が手ごわい競争相手をひっくり返したのだ。

新入社員がつくった商品を新入社員が売る

そんな篠原も横浜営業所での新入社員の頃は、思うようにいかない苦労をしている。入社1年目、ペットブームに目を付けた新商品「ワンコのアイス」の営業を任されたが、まったく売れなかった。

この「ワンコのアイス」という商品は、ある新入社員の提案で生まれた商品だった。「アメリカにもある犬用のアイスをつくってみてはどう？」というアイデアからプロジェクトが発足し、商品化にこぎつけた。

新聞やテレビで取り上げられ、話題となった。ネット販売で売り出したところ、生産が追い付かないほどの人気となった。

新入社員のアイデアで生まれた商品を、新入社員が売る。いかにも赤城乳業らしい。

しかし、現実にはいくら話題性のある商品でも、販路開拓はそう簡単にはいかない。まして、この商品は通常の食品ルートと異なり、ペットショップという新たな販路を開拓しなければならない。

篠原は積極的に飛び込み営業をかけたが、相手にされず、話も聞いてくれない。営業をやっている同期入社の社員が売り込みに成功したという話が風の噂で耳に入ると焦り、落ち込んだ。

篠原はそれでもめげることはなかった。上司や先輩たちが「失敗してもいいから、

思い切りやってこい」と励ましてくれたからだ。
「仕事を任されている」という実感と共に、「自分のことを見てくれている」という温かい目線を篠原は感じていた。

涙の送別会

地方営業で奮闘する若手社員もいる。篠原と同期の久米《くめ》健太郎は、大学は理系で環境問題を勉強していた。学生時代のアルバイトで接客業の面白さを体験し、赤城乳業では営業職を希望した。

念願かなって福岡支店に配属となったが、人員は支店長以下自分も含めてわずか3名。右も左も分からないのに、いきなり色々な仕事が降ってきた。

入社1ヵ月後の5月には、ローカル局のテレビ番組に生出演するという荒業も体験した。「ガリガリ君」を紹介し、クイズを出して、正解者には商品をプレゼントするというコーナーだったが、支店長や先輩社員の都合がつかず、自分にお鉢《はち》が回ってきたのだ。

さすがの久米も最初は躊躇《ちゅうちょ》したが、高校時代演劇部で培《つちか》った持ち前の度胸でTVデビューを楽しんだ。とても1年生とは思えない堂々の仕事ぶりと、社内外で大好評だった。

しかし、肝心の営業はそんなに甘くはなかった。元々は名古屋出身で、九州とは縁もゆかりもなく、〝よそ者〟扱いが辛かった。それでも久米は懸命にくらいついた。担当する鹿児島の食品卸には毎週せっせと通った。若くて、〝よそ者〟の自分を受け入れてもらうには、懐《ふところ》に飛び込むしかないと思ったからだ。

「忙しいから、会えない」と言われても、「納品手伝わせてください」と食い下がった。自分の父親と年齢の近い卸の担当者に密着し、一緒に汗をかいた。他社商品の配送や納品まで一生懸命手伝った。

ある時、納品作業が終わり、汗をぬぐっていると、その担当者がこう声を掛けてきた。

「あの商品、今日から入れるわ」

これまで何度売り込みをかけても、なかなか扱ってもらえなかった商品を今日から扱ってくれると言う。久米は本当に嬉しかった。

福岡で6年半が経過し、名古屋支店への転勤が決まった。お世話になった鹿児島の卸の会社へ挨拶に行くと、送別会を催《もよお》してくれた。芋焼酎をあおりながら、色々な話をした。

お世話になった担当者は泣いていた。久米も泣いた。久米は声にならない声で、「また戻ってきます」と呟いた。親父のような担当者はただ頷《うなず》いて、久米の肩を抱いた。

3 社員のモチベーションの高さを我が社の財産とする

温もりのある「放置プレイ」

赤城乳業では一人ひとりの裁量権がとても大きい。たとえ新入社員であろうが、まとまった大きな仕事をいきなり任される。普通の会社なら、課長や係長が担当するような仕事を入社数年目の若手社員が進めている。

「コンポタ」を開発した岡本は、商品化が決定した後、アイスの基となる原料を調達するために原料メーカーとの打ち合わせをセットした。原料メーカーからは課長以下数名の担当者が来社したが、相手をしたのは25歳（当時）の岡本ひとり。

もちろん不安だらけだったが、経験不足を商品にかける思いと責任感でカバーし、

乗り切った。原料メーカーの担当者から「若いのにしっかりしてますね」と声を掛けられたと岡本は振り返る。

赤城乳業では、こうした仕事の進め方が当たり前になっている。若いうちから、大きな責任を与え、思い切り任せる。社内では「放置《ほうち》プレイ」と呼ばれるほど、任せたら余計な口出しはしない。

無論、これは無責任に「放置」しているわけではない。ギリギリまで泳がせてみる。本人がアップアップするまで、追い込んでみる。これが赤城乳業流の人づくりの極意なのだ。

篠原や久米の上司である執行役員営業部長の渋沢康雄はこう指摘する。

「うちは細かいことには口を出さない。大きな方針、方向性を示したら後は任せるのがうちのやり方」

役員や管理職自らが若い時分に大きな仕事を任され、時には失敗もし、怒鳴られたりもしながら成長してきた体験を持っているから、大きな責任を与えることに躊躇しない。「任せて、育てる」伝統が根付いている。

だから、若手は大きな責任に押し潰されそうになりながらも、「信じて、任せてもらっている」と踏ん張る。営業の篠原はこう言う。

「任されているのだから、やらされているという意識はまったくない」

その一方で、ギリギリまで追い込んで、本人が支援や協力を頼んできた時にはもちろん助ける。「コンポタ」の商品化の途中で手に余る難題にぶつかった時の体験を岡本と岡村はこう振り返る。

「本当にやばいと思ったから、大騒ぎした。そしたら、みんなが本気で助けてくれた」

本当の責任を感じたからこそ、二人は「大騒ぎ」をし、色々な人を巻き込んだ。仕事は任されているが、それは「ひとりで何でもしろ」ということではない。個の限界を知ることこそが、真の責任である。

だから、周囲は「放置」しながら、温かく見守る。助けてもらった経験のある人間は、今度は誰かを助けようとする。本当のチームワークはそこから生まれる。

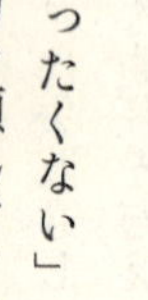

人は足りないくらいがちょうどいい

若手に仕事を任せるという風土は、「安易に人は増やさない」という赤城乳業の人事政策とも絡んでいる。売上高約350億円に対して、正社員数はわずか330名。1人当たり売上高は1億円を超えている。これだけの生産性の高さは、少ない人数で効率よく仕事を捌《さば》いていることの証左でもある。

実際、部門別の人数を見ると、限られた人員であることがよく分かる。たとえば、影山や岡本、菅野が所属する開発部の人員は、部長以下20名足らず。この陣容で年間約140もの新商品を開発している。

篠原が所属する営業本部の人員は、全国各地の支店やマーケティング部、販促部、物流システム部を含めても60名強。これで日本全国の地域、さらには大手コンビニや大手スーパーなどをカバーしている。

地域を担当する支店や営業所は全部で9つあるが、東京支店は支店長以下6名。

他地域の支店や営業所は3～4名の人員で回している。久米が属していた福岡支店も3名体制だった。

この陣容では、新入社員や若手などとは言っていられない。すぐに仕事を任せて、戦力化しないことには仕事が回らないのだ。

無計画に人を採用し、人が多過ぎるために過度な分業化が進み、人が「駒」になってしまったり、「ぶら下がり社員」が増殖している多くの大企業と比べると、赤城乳業の少数精鋭化は際立つ。

そこには「人は少ないくらいがちょうどよい」という井上社長の信念がある。井上社長は社員にこう檄《げき》を飛ばす。

「〝責任〟で人間の成長は加速する。責任を持たせるには、自分の仕事を持たせることが必要だ。責任を持たせて教育をしていくことは、厳しいが人間に磨きがかかる」

生産本部を担当する常務の古市《ふるいち》和夫は、社長の井上に指摘された言葉を胸に刻んでいる。

「人数が足りない、足りないって言うけど、足りないのは頭数じゃない。一人ひと

りの能力だ」

頭数で勝負するのではなく、一人ひとりの能力を高め、フルに発揮させる。ムダな贅肉をつけることなく、筋肉質な組織を保っていることが赤城乳業の強みのひとつであることは間違いない。

いざという時は助け合う

コンパクトで、フラットな文鎮型であることが赤城乳業の組織の特徴であるが、ともすると自分の仕事だけに埋没し、「個人商店の集合体」に陥りがちだ。自分の守備範囲にだけ専念し、他の人や他の仕事には無関心といった問題も一般的にはよく起きる。

しかし、赤城乳業にはそうした負の兆候が見られない。誰かが困っていれば、助けるのは当たり前という結束力が赤城乳業のもうひとつの強みである。

営業部長の渋沢は、まだ赤城乳業が小さかった頃のことを思い出す。

「昼間は営業をしながら、夜になると工場で生産の手伝いをしていた。部門に関係なく、人が足らなくなったら助けに行くのが当たり前だった」

売上高が何倍にもなった今でも、この結束力の高さは赤城乳業の成長を支えている。本庄工場長でもある古市は、工場で働く社員にこう語りかける。

「〝工場はひとつ〟といつも言っている。いざという時は助け合うのが当たり前。〝応援〟なんて言葉は使わない。誰かが困っていれば、自然に手伝いに行く。〝工場はひとつ〟とはそういうこと」

結束力は若手社員にも継承されている。菅野や篠原と同期入社で、総務部で採用などを担当している須藤はるかはこう語る。

「うちは社員同士の結び付きが強い。ベタベタしているわけではないが、いざという時のチームワークはすごい」

個の責任感とチームプレイ。赤城乳業の組織力はこの二つの要素から生まれている。

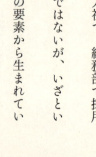

「下から目線」の経営

社長の井上は「社員のモチベーションを自慢できる会社にしたい」と本気で考えてきた。井上はこう言い切る。

「働く人の満足なくして、お客様の満足なし」

仕事に夢ややりがいを感じられず、疲弊《ひへい》感ややらされ感が蔓延《まんえん》している会社が多い中で、やる気がみなぎり、新しいことに挑戦しようとするマインドに溢れた組織をつくり上げることに成功している。

売上高や利益といった業績目標を掲げることも大切だ。技術力や営業力といった競争力に直結する要素を磨くことも大切だ。しかし、すべての源《みなもと》はそこで働く社員の「やる気」だ。

赤城乳業で働く若手社員の多くがイキイキとし、躍動しているのはけっして偶然ではない。会社の未来を担う若手社員のモチベーションを高めるためのさまざまな工夫を施し、ぶれずに実行してきたからこその果実である。

しかし、社員のモチベーションの重要性を否定する経営者はいないだろう。井上の考え方は一般の経営者と何が違うのだろう。それは次の言葉に凝縮されている。

「〝上から目線〟でなく、〝下から目線〟で見ていくことが大切」

〝にんじん〟をぶら下げたり、教育を施したり、外からの刺激によってなかば強引にモチベーションを上げようとする会社は多い。「社員が大事」と言っておきながら、どこか高圧的で、強制的な匂《にお》いがする。

社員も敏感にそれを感じる。「何でも自由に言っていい」といっても、言うはずもない。〝にんじん〟がなくなれば、モチベーションは消えてなくなる。

井上のスタンスは、そうしたものとは一線を画している。常に社員の立場を考え、社員の目線からモチベーションが上がる組織を目指してきた。〝下から目線〟とはそういうことだ。

〝下から目線〟の考え方が根付いているから、若手社員でも自由闊達に何でも「言える」ようになる。そして、そのアイデアや提案が新商品や新たな販促、コストダ

ウン、品質向上につながる。「言える化」という企業風土は、〝下から目線〟の賜物《たまもの》なのである。

それでは、日本で一番モチベーションの高い会社は、どのような変遷を辿《たど》り誕生したのか。

赤城乳業の生い立ちとその歴史を、次章で辿っていきたい。

第2章

Chapter 2

「強小カンパニー」への道程

1 赤城乳業の創生期

多くのお客様から愛される会社になりたい

赤城乳業の誕生は１９６１年。２０１１年に設立50周年を迎えた。

さらに遡《さかのぼ》ると、その前身は１９３１年に設立された合名会社広瀬屋商店。現社長である井上の祖父・徳四郎（故人）が、埼玉県の深谷駅前で「ヒロセヤ」を開業し、天然氷の商いを始めたのが原点だ。深谷は中山道で軽井沢と結ばれていたので、夏場は天然氷の需要があった。

後を継いだ息子・栄一《えいいち》（故人）は起業家精神に富んでおり、氷の商いだけに飽き足らず、１９４９年には冷菓の製造に着手。これが功を奏し、１９５９年には年間

売上高が1億円を超えた。赤城乳業はこの広瀬屋商店を母体として誕生した。

赤城乳業という社名は、北関東の名山・赤城山に由来する。赤城山は高さでは他の山々に劣るが、その裾野はとても広い。「裾野の広さ」にあやかり、「多くのお客様から愛される会社になりたい」という願いがこめられている。

社名に「乳業」とあるが、赤城乳業は牛乳やバター、チーズなどのアイスクリーム以外の乳製品を製造しているわけではない。にもかかわらず、あえて「乳業」とつけたのは、アイスクリームの大手である「〇〇乳業」というライバル企業に早く近づきたい、追いつきたいという思いから命名された。

赤城乳業が飛躍するきっかけとなったのは、1964年に発売した「赤城しぐれ」だ。当時、大衆食堂などの庶民の食べ物だったカキ氷をカップに入れ、駄菓子屋などで販売したのだ。

手軽さ、食べやすさが大受けし、「赤城しぐれ」は瞬く《またた》間にヒット商品となった。翌1965年には売上高は10億円を超えた。

営業網の整備と生産の拡張

「赤城しぐれ」という柱となる商品ができた赤城乳業は、東日本を中心に営業所の開設を急いだ。１９６５年に長野、１９６８年に仙台、１９７１年に福島、１９７６年に盛岡、そして１９７８年には名古屋へ営業所を開設した。営業所の開設と共に売上高は順調に伸び、１９６８年には20億円、１９７３年には30億円、そして１９７５年には40億円を突破した。

売上高の伸びと共に、生産体制も拡充。１９６２年に深谷第二工場、翌１９６３年には埼玉県熊谷市に荒川工場を稼働させた。しかし、各工場の規模はそれほど大きくなく、安定供給という意味では不安があった。

その頃、深谷で都市計画が進められており、当時の本社社屋を移転することとなった。それに合わせて、５つに分散していた工場群を統廃合し、現在の本社及び深谷工場を１９７６年に新設させた。当時、「東洋一のアイス単体工場」と話題になっ

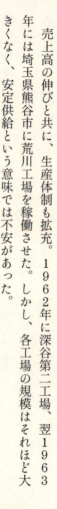

た。

その投資額は22億円。まだ売上高が40億円程度の頃に、売上高の2分の1を超える規模の投資を決断したのだ。これがその後の発展に大きくつながった。

冷凍食品の失敗

「赤城しぐれ」を柱にアイスの拡販に努める一方で、赤城乳業は1969年冷凍食品へ進出した。アイスは夏の商品である。当時はその傾向がより顕著で、冬はほとんど仕事がなかった。冬の仕事を確保するために、思いついたのが冷凍食品だったのだ。

また、赤城乳業のコア技術は冷凍技術。そのコア技術を活かす多角化分野としても、冷凍食品というのは合理的な選択と言えた。

投入した商品の代表例は、「チャーシューメン」。当時のことを覚えているのは社長の井上くらいだが、その井上が「抜群に美味しかった！」と言うほどの味だった。

しかし、時代があまりにも早過ぎた。日本で冷凍食品が一般の家庭に入り始めたのは、１９８０年代以降のこと。冷凍冷蔵庫や電子レンジが普及し始めてからだ。１９６９年頃には冷凍食品を食べるという食習慣は一般的ではなく、思ったようには売れなかったのだ。結局、進出して５年経った１９７４年には撤退することになった。

それ以降、赤城乳業は「アイスクリーム専業メーカー」の道を突き進むことになる。

値上げが裏目に

創業以来、順調に売上高を伸ばしてきたが、50億円を超えたあたりから伸びが止まった。そして、１９７９年の第二次オイルショックが追い討ちをかけるように収益を圧迫した。

エネルギーコストや原材料費の高騰に加え、消費の冷え込みで売上は低迷した。創

業以来初の危機だった。

収益に苦しむ赤城乳業は「赤城しぐれ」の価格を30円から50円へと値上げすると
いう苦渋の選択をした。しかし、これが裏目に出た。値上げの影響で売上高は激減
し、赤城乳業はさらなる苦境に立たされた。

営業部長の渋沢は、その頃のことをこう振り返る。

「売上高100億円を目指していたが、とても厳しかった。アイス業界内でもシェ
アは10位前後。吹けば飛ぶような会社だった。懸命に働いたが、なかなか先は見え
なかった」

今では躍進を続ける赤城乳業だが、その途上においては何度も危機に直面し、け
っして順風満帆というわけではなかった。

2

「ガリガリ君」誕生

50円で売れる商品をつくれ

低収益にあえぎ、売上高１００億円という目標の達成も見えない中、試行錯誤は続いた。「赤城しぐれ」と並ぶ新しい柱となる商品がほしいとさまざまな商品を開発、市場投入したが、どれも反応は今ひとつだった。

当時、商品開発のリーダーだった鈴木政次（元常務、現監査役）は、井上（当時専務）から出された〝宿題〟について、社内報「月刊ガリプレス」の中でこう語っている。

「当時は30円が我が社の主力商品。にもかかわらず、社長（専務時代）は〝我が社

は30円はやめる"と宣言。すぐに50円をつくれの命令が下った。ええ、うっそー！どうすんのよ！」

そして、井上から出された条件は次の5つだった。

1. 思い切って5割増しと大きくすること
2. かき氷でつくること
3. 当たりを付けること
4. 誰にも真似られない味をつくること
5. ネーミングは斬新に

色々と新たな挑戦を試みたが、思うようなヒット商品は出なかった。2年の月日が流れたが、先はまったく見えなかった。社内報の中で、鈴木はこう吐露している。

「失敗また失敗の連続。社長もよく我慢してくれたもんです」

片手で食べられるアイス

そんな時、新商品開発会議であるアイデアが出された。それはカキ氷に棒（スティック）を刺して、片手でも食べられるアイスというコンセプトだった。

「赤城しぐれ」はカップアイスだから、片手にカップ、もういっぽうの手にスプーンを持って食べる。それでは、子どもたちは食べることに専念しなければならず、アイスを食べながらゲームをしたり、走り回ったりすることができない。

「遊びながらでも食べられるアイスがあったら、子どもたちは喜ぶはずだ」

カキ氷はカップで食べるものという常識を否定したのだ。カキ氷を片手で持つという〝ワンハンド化〟は、子どもの目線で考えた独創的なアイデアだった。

商品名を決める際に、アイデアを出したのは井上だった。カキ氷は食べる時にガリガリと音がするからという理由で、「ガリガリ」という商品名が決まりかけていた。

そんな時、井上が発案した。

「ガリガリだけでは楽しくないから、『君』をつけよう」

価格は一本50円。味はソーダ味、コーラ味、グレープフルーツ味の3種類。当時の子どもたちが最も好んで口にした飲料から選んだ。

今や国民的アイスキャンディとなった「ガリガリ君」は、今から32年前の1981年にこうして誕生した。

あえて〝ガキ大将〟をモチーフにする

〝ワンハンド化〟という商品のコンセプト、「ガリガリ君」という商品名は決まったが、大事なのはそのキャラクターの設定である。どんなイメージを打ち出すかによって、その商品に命が吹き込まれる。

今では子どもたちに大人気のキャラクターとなったガリガリ君だが、発売当初はイメージが異なっていた。

現在のガリガリ君は小学校低学年をイメージしているが、発売当初は〝昭和30年代のガキ大将〟をイメージし、キャラクターも中学3年生の設定だった。イラストも絵の得意な社員が描いた。手作り感満載である。

イガグリ頭と大きな口。インパクトはあるが、好き嫌いがはっきり分かれるキャラだ。本来なら、もっと可愛らしい一般受けするキャラクターを設定するのが普通だが、あえてレトロ感漂《ただよ》うガキ大将を選ぶところが赤城乳業独特のセンスだ。

決まり切った常識路線を行くのではなく、少しずれたところをあえて選択する〝外し〟の感覚。今ではそれこそが赤城乳業ならではの持ち味であり、強みとなっているが、「ガリガリ君」のキャラ設定はまさにその原点だった。

1981年発売当時の
「ガリガリ君」

3 生みの苦しみ

クレーム続出

これまでにない新しいアイスキャンディとして登場した「ガリガリ君」だったが、発売当初はクレームが相次ぎ、現場は大混乱だった。

当時の製造手法は単にカキ氷を固めるという単純なものだったので、運搬中の振動や店頭で重ねて置くとバラバラに崩れてしまうのだ。

さらには、「袋の中で溶けていた」「棒が抜けてしまう」「食べている途中で溶けて、手がベトベトになる」といったさまざまな苦情が次々と寄せられた。

冷凍技術に自信を持つ赤城乳業だが、スティックタイプのカキ氷アイスの挑戦は、技術的にクリアしなければならない課題が次から次へと出てきた。

現場が試行錯誤の上に生み出した解決法が、「薄い膜《まく》（シェル）の中にカキ氷を充填する」というアイデアだった。アイスの金型に液状のアイスキャンディを流し込み、冷やして外側だけを固める。次に、中側の液状のままのアイスキャンディを抜き取り、空洞になったシェルの中にカキ氷を充填する。

これで外側がしっかりと固まっているけど、中はシャキシャキという食感を楽しむことができる。この製法はいまでも変わっていない。

世の中で初めての商品だから、問題は自分たちで解決しなければならない。こうした試行錯誤の連続が、赤城乳業のものづくり力を鍛えることにつながった。

じわじわと売上を伸ばす

今でこそ年間4億本を売り上げる超人気商品となった「ガリガリ君」だが、発売当初は爆発的に売れたわけではない。実際、年間1億本という大台を突破したのは

2000年。1981年に発売開始してから、実に19年もの年月を要している。

当時営業を担当していた現総務部長の本田はこう述懐《じゅっかい》する。

「売れていたのは、やはり『赤城しぐれ』。発売当初は『ガリガリ君』が売れているという実感は乏《とぼ》しかった」

「ガリガリ君」人気に最初に火がついたのは、発売開始して4年目の1984年。夏の猛暑の影響で、「ガリガリ君」はよく売れた。それでも年間販売本数は3千万本程度だった。

2000年に1億本を突破して以降は、順調に売上本数を伸ばしていった。7年で年間2億本の大台に到達。さらには、わずか3年で年間3億本を実現している。「ガリガリ君」人気は加速度的に高まっていった。

「ガリガリ君」は下積み時代が長い商品だ。じわじわ、じっくりと人気を広げてきた。大量のテレビCMなどを流し、一気に認知度を高めることに成功しても、瞬く間に消えていく商品が多い中で、「ガリガリ君」は30年もの時間をかけて、国民的商品にまで上り詰めてきたのだ。

4 コンビニルートの開拓

コンビニに食い込む

当時、赤城乳業の売上が思うように伸びなかった一因は、販売チャネルにある。その頃のアイスの主要な販売チャネルは、駄菓子屋などの小売店であり、全体の60％を占めていた。

小売店の店頭にあるショーケースは、大手アイスメーカーに押さえられていて、商品の売り場を確保するのにとても苦労した。なんとか売り場を確保したい赤城乳業の営業は、よりよい取り引き条件を提示せざるを得ず、それが収益面でも圧迫した。

そこに新たなチャネルとして登場したのが、コンビニである。既存のチャネルは大手が強いが、新チャネルであるコンビニなら対等に勝負できる。

しかも、コンビニからは売上実績などのデータを入手することができる。それを活かせば、これまでのような頭を下げる「お願い」商売から「提案」ビジネスへ変えることができると井上は考えたのだ。

「これからは間違いなくコンビニが伸びる。どこよりも先にそこへ食い込もう」

赤城乳業はコンビニへと大きく舵を切る決断をした。セブン-イレブンが江東区豊洲に1号店をオープンしたのが1974年。「ガリガリ君」を発売した1981年当時は、大手コンビニチェーンがちょうど全国展開を加速し始めた頃だった。

競争相手である大手アイスメーカーの販路は小売店やスーパーが中心で、まだコンビニには力を入れていなかった。

赤城乳業はコンビニ専門の販売部隊を組織し、コンビニルートの開拓に力を注いだ。商品開発面においても、コンビニとのタイアップを強化した。各チェーンの名前を冠した「ガリガリ君」を販売したり、秋冬に売上を確保するための季節限定商品「ソフト君」（1985年）などを投入し、市場の活性化を図った。

こうした地道な施策が功を奏し、コンビニでの売上は80年代の10年間で3倍にまで拡大した。

1990年代に入ると、大手アイスメーカーもコンビニルートの開拓に力を入れ始め、一挙に競争が激しくなった。90年代後半には「ガリガリ君」タイプのアイスキャンディがコンビニに溢れた。

そうした中で、赤城乳業はまた「逆張り」の戦略に打って出る。それはこれまで大手アイスメーカーの牙城であったスーパーへの展開である。

「大手がコンビニに力を入れるなら、逆にスーパーを攻めよう」と戦力を投入。7本入りのマルチパックなどを発売し、スーパーでのシェアを徐々に奪っていった。

どんどん失敗しろ

「ガリガリ君」のヒットで、社内は活気づいた。「ガリガリ君に続け！」とばかりに

ユニークな新商品が次々に投入された。

たとえば、1984年には「えび天アイス」を投入。これをきっかけに、「面白いアイス天国シリーズ」がスタートした。

翌1985年には「ラーメンアイス」を投入。メンマをゼリーでつくり、ナルトは乾燥ナルトを使うというこだわり商品だった。テレビCMを流したところ、「コンビニの店先で子どもたちが商品の搬入を待っている」と言われるほどのヒット商品になった。さらには、「カレーアイス」や「きつねうどんアイス」、ポン菓子の上にオレンジゼリーを乗せた「いくら丼アイス」まで登場した。

巷では「あそび過ぎ商品」と言われるほど話題性は高かった。しかし、「ラーメンアイス」に続くヒット商品は出なかった。

1987年に社長に就任した井上は、それでも社員に言い続けた。

「どんどん失敗しろ。失敗を恐れるな！」

あそび心を持って、常に新しいことに挑戦する赤城乳業の風土は、この頃社内に広がっていった。

5 「ガリガリ君」の躍進

「ガリガリ君」リニューアル

１９９０年代の後半になると、「ガリガリ君」の売上にも翳《かげ》りが見えてきた。そこで打開策を探るため、１９９９年に全国規模の市場調査を実施した。

そこで見えてきたのは、ガリガリ君というキャラクターに対するネガティブな反応だった。味については好意的な意見が多かったにもかかわらず、キャラクターのイメージに対して厳しい声が突きつけられたのだ。

「汗くさい」

「歯ぐきが汚く見える」

「田舎くさい」

なかでも、若い女性の評価は惨憺《さんたん》たるものだった。このままでは、これ以上の売上拡大は見込めない。

その結果を受け、2000年に商品の抜本的なリニューアルを行うことになった。キャラクターの設定を中3から小学男児に変え、イラストもアニメ風に変更した。

そのデザインの見直しを担当したのが、デザイン会社「G」のアートディレクターである高橋俊之だった。彼は『日経デザイン』のインタビューで、こう振り返る。

「ガリガリ君を今風に立体化できないかという要望を受けた。でも、変えなくてもいい部分もあるんじゃないかと思っていた。ガリガリ君には、へたうま的なイラストの強さがある。もともとある〝駄菓子感〟を大切にしたかった」

キャラクターの見直しに合わせて、初のテレビCMも実施。日本全国で「ガ〜リガ〜リ君♪」という印象的なメロディを流した。

このリニューアル大作戦は大当たりだった。「ガリガリ君」人気はそれまで弱かった西日本地域にも飛び火し、2000年の販売本数は念願の1億本を突破した。

「ガリガリ君」の大ヒットに刺激を受け、それ以外のアイスも順調に売上を伸ばしていった。全社の売上高は２００３年に１８５億円、そして２００４年には一気に２００億円の大台を突破し、２５０億円を記録した。

「ガリガリ君」の投入で弾みをつけ、１００億円の壁を突破したのが１９８４年。それから丸20年、「ガリガリ君」のリニューアルでまたもや大台を突破した。

成長の踊り場

２００４年に売上高２５０億円を一気に達成した後、赤城乳業は大きな低迷を経験することになる。２００５年の売上高目標は２７０億円を掲げたが、実際は２３６億円にとどまった。成長の踊り場だった。

井上は「たとえ売上が落ちても、きちんと利益が上がる強靭な体質にしなくてはならない」と考えた。そして、全社でムダやロスを徹底的に減らす活動に力を入れた。

社員に危機意識をもってもらうために、管理職の給与を7ヵ月間カットした。

本田はその時のことをこう振り返る。

「管理職の給与を数万円ずつ減らしても、経営的には大したインパクトはない。個人としては辛いが、〝厳しい時はみんなで締まろうぜ！〟というメッセージだと受け止めた」

その結果、2006年の売上高は212億円にまで落ち込んだが、逆に利益は増えるという結果となった。赤城乳業は成長の踊り場で着実に地力をつけた。

執行役員生産企画部長の須藤芳行《よしゆき》はこう言う。

「苦しい時はみんなで乗り切るのも、赤城流」

一丸となって危機を乗り切った社員たちの頑張りに、井上は心から感謝した。そして、年末には臨時ボーナスの支給を決めた。

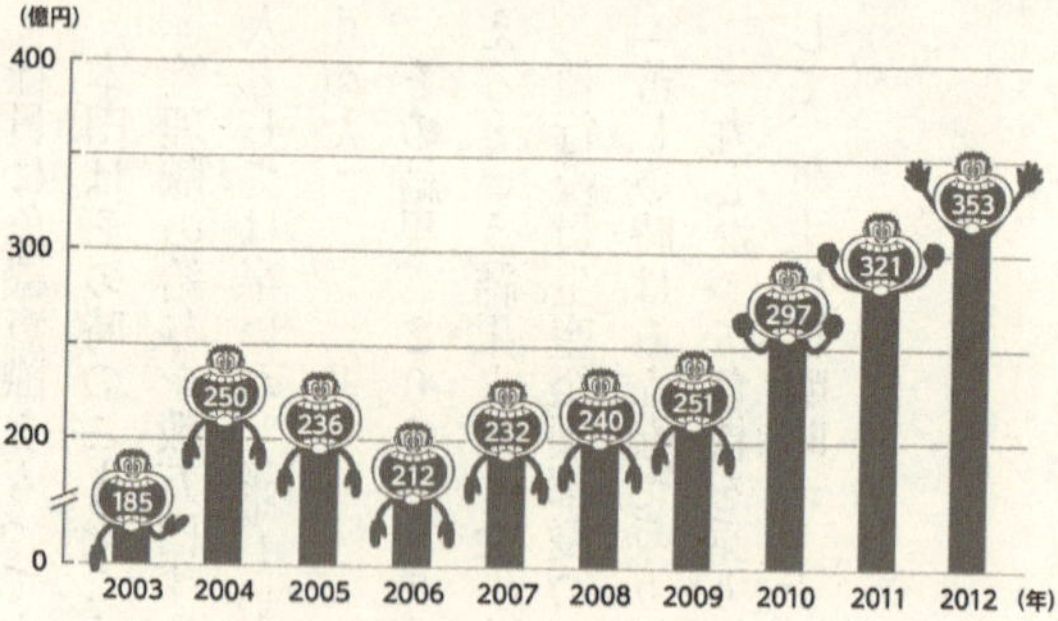

赤城乳業売上高推移

V6達成！

井上は組織を筋肉質に戻しつつ、新たな成長に挑戦するチャンスを窺《うかが》っていた。そして、新たな号令をかけた。

「『ガリガリ君』プロジェクトをやるぞ！」

井上は、「ガリガリ君」が２００６年に25周年を迎えるのを絶好の好機と捉えていた。そして、「25周年キャンペーン」を大々的に仕掛けることを決めた。

商品と販促の両面で「攻め」の姿勢を前面に出し、さまざまな施策を次々と打ち出していったのである。

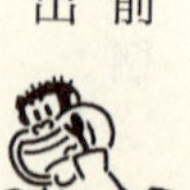

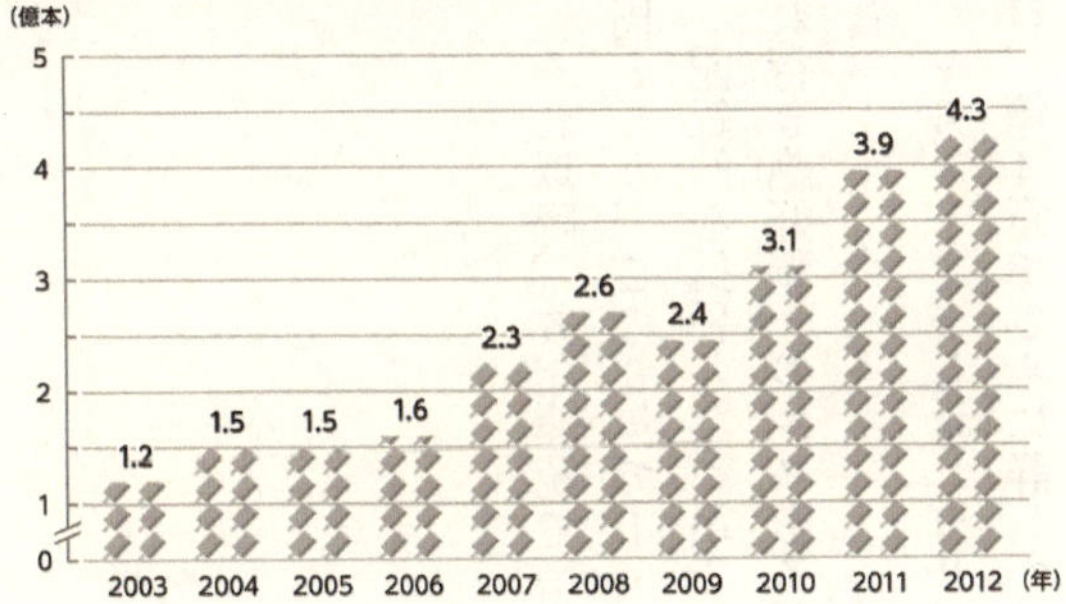

「ガリガリ君」販売本数推移

これがものの見事に当たった。「ガリガリ君」の人気、売上は、2007年以降驚異的な勢いで上昇した。2006年の「ガリガリ君」の売上本数は1億6千万本、翌2007年には2億本を突破。

勢いは止まることなく、2010年には3億本突破、そして2012年には4億本突破と信じられないような奇跡の数字を叩き出した。発売開始後20年以上も経つ商品が、これほどブレークするのは前例がない。

「ガリガリ君」の好調さは他の商品にも乗り移り、全社の売上高も急速に回復。2006年に212億円まで落ち込んだ売上高は、翌2007年は232億円に復調した。

それ以降、６年連続で増収を続け、Ｖ６を達成。２０１２年の売上高は３５３億円となり、この６年で１・７倍となった。

記録的な猛暑となった２０１３年夏には、ロイターを通じて「『ガリガリ君』の売れ行き絶好調」のニュースが世界に配信された。「ガリガリ君」は世界の話題となった。

Ｖ６をリードした「ガリガリ君」がいかに大ブレークを巻き起こしたかについては、第４章でさらに詳しく見ていくことにしたい。

ヒット商品が続々と誕生

好調な「ガリガリ君」に刺激を受けて、他の商品も活性化し始めた。機能横断的なメンバーで編成されている主力商品のプロジェクトは、お互いに競争し、よい意味でのライバル関係となった。

「濃厚旨ミルク」は苺《いちご》ミルクや宇治抹茶などの新しいフレーバーを毎年投入し、市場を活性化させた。2012年の売上高は対前年比1・3倍以上の伸びを見せた。

1998年に発売を開始した「ガツン、とみかん」は20代～40代の女性ファンの獲得に成功し、2007年からの6年間で売上高を1・8倍以上に拡大した。

「ガリガリ君」を発売する前の1978年に発売を開始した「BLACK」は、定番として安定した売上を続けてきたが、パッケージのリニューアルやテレビCMの投入でさらに活性化。

「ガリガリ君」(ソーダ)のリピート率が17%に対し、「BLACK」は22%。一度はまるとくせになる味で、リピーターを獲得している。

さらに、「ＢＬＡＣＫ」はそのテレビＣＭが第50回ギャラクシー賞ＣＭ部門優秀賞を受賞。新発売でもないので、控えめで、肩の力が抜けた「ゆる〜い」ＣＭを制作。赤城ならではの〝外し〟が好評で、高い評価を受けた。

まさに「ガリガリ君」が起爆剤となって、赤城乳業全体の商品開発力、マーケティング力が大きく開花することにつながったのである。

50年を超える赤城乳業の歴史は、けっして順風満帆ではなかった。しかし、壁にぶち当たるたびに新たな知恵やアイデアを生み出し、ひとつずつ乗り越えてきた。逆境が赤城乳業を個性的で、逞しい企業へと育ててきたのである。

第3章

Chapter 3

ドリームファクトリーの建設

1 新工場建設の決断

だからこそやる！

新たな成長に向けて、新商品開発や新たな販促策が練られていた２００８年、経営会議では別の重大なテーマが侃々諤々《かんかんがくがく》議論されていた。

それは新工場の建設についてだった。

社長の井上はさらなる成長を実現するには、商品供給を担う工場の新設が不可欠だと考えていた。１９７６年に操業を開始した深谷工場は供給の限界を迎えつつあった。

30年以上経過した設備は、随時更新はしてきているものの、老朽化してき

ている。供給が増えないことには、いくら需要を喚起してもそれを充たすことはできない。他の役員たちも供給をなんとかしなくてはいけないという思いは一緒だった。

しかし、問題はタイミングだった。折しも、リーマン・ブラザーズの破綻を引き金とするリーマン・ショックが、世界的金融危機、同時不況を引き起こしていた。同業の大手アイスメーカーも工場新設計画を検討していたが、計画凍結を次々に決めた。まったく先の読めない中で、誰もがリスクをとることを逡巡《しゅんじゅん》した。提示された新工場建設に必要な投資額は１００億円を超える。経営会議に参加した多くの役員は「やめたほうがいい」と考えていた。

社長の井上はかねがね「メーカーは設備投資を恐れてはいけない」と社員たちに語っていたが、その規模やタイミングの決定は容易ではない。ましてや、リーマン・ショックという未曽有の危機の最中である。

しかし、井上はひるむことはなかった。色々な意見に耳を傾けた後、こう宣言した。

「否定的な意見が多いのは分かる。でも、だからこそやる！」

けっしてへそ曲がりだから、そう言ったのではない。井上はこの決断は自分にしかできないと分かっていた。その時の心境をこう教えてくれた。

「未来に向けて伸び続けるためには、新工場はどうしても必要だ。よほどのバカな人間じゃないとこんな決断はできない。私の後を継ぐ人間にさせるのは酷《こく》だ」

井上は未来を見据え、社長しかできない英断を下した。

32年前、売上高がわずか40億円の時に、22億円の工場建設を決断した。今回の建設投資は100億円を超える。

2007年の売上高は232億円。売上高の2分の1もの大規模投資であるのは、当時と一緒だった。

ただ売上高は6倍となり、投資規模も6倍になった。絶対的なリスクの大きさは比ではない。

井上が「やる！」と宣言した後、会議室は一瞬ざわめいた。その直後、社長の実弟でもある専務の井上孝二がこう言い放った。

「よし、やるぞ！」

意見が百出しても、やると決めたら、ひとつにまとまって本気でやる。赤城乳業の底力はそこにある。

ドリームファクトリーを建設するプロジェクトが動き始めた。

ブレない思い

土地探しに奔走したのが、常務の本多だった。当初予定していたところがダメになったり、取水規制にひっかかったりと二転三転した。

最終的に埼玉県本庄市に決まり、工事が始まった。しかし、またもや予期せぬ難題にぶつかった。それは資材費の高騰だ。

当時、北京オリンピックの開催に向けて建設ラッシュが続く中国に、鋼材などの資材が集中。品不足、納期遅れが相次いだ。配管や防熱材、フェンス材などが極度の品薄状態になっていた。

なんとか手に入れることができても、資材費は高騰。予算内に収めるためには、当初の計画を変更せざるをえなかった。

しかし、井上は新工場の基本コンセプトを妥協することはしなかった。井上はこの工場をこれまでの食品工場の概念を覆《くつがえ》す、新しい次元の工場にしようと決めていた。それは食品会社の根幹である品質管理、衛生管理を、食品よりさらに厳しい医薬品と同レベルのものにすることだった。だから、品質管理、衛生管理に関する投資は一切妥協せず、予定通り進めた。

その一方で、工場の外観やデザイン、当初の計画に盛り込まれていた付属的なモニュメントやアーチなど、工場の実質に関わらないものについては思い切って削っていった。

新工場建設プロジェクトのリーダーを務めた古市はこう述懐する。

「医薬品レベルにしようとすれば、空調設備などは億単位でコストが違う。しかし、社長は一切ブレることがなかった」

ドリームファクトリーの建設現場には、熱中症対策にアイスのショーケースを2

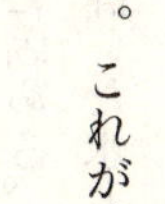

台置き、いつでもアイスを食べられるようにした。これが建設現場で作業に従事する人たちに大受けだった。

朝に山ほど入れたアイスが、夕方にはきれいになくなった。ひとりで3つも4つも食べる人もいた。アイスをほおばりながら、ドリームファクトリーの建設は着々と進んでいった。

桜の名所に立つ最新鋭工場

着工してから約2年。2010年2月に、念願だった新工場の竣工式が行われた。淡いグレーの外観、建屋にはガリガリ君の大きな看板が掲げられている。南国風のヤシの木は九州から取り寄せたものだ。フルーツ味のフレーバーが多いので、南国イメージのヤシを植えた。

自ら工場長に就任した常務の古市はこう語る。

「ここは私たちの思いが詰まっている工場だ」

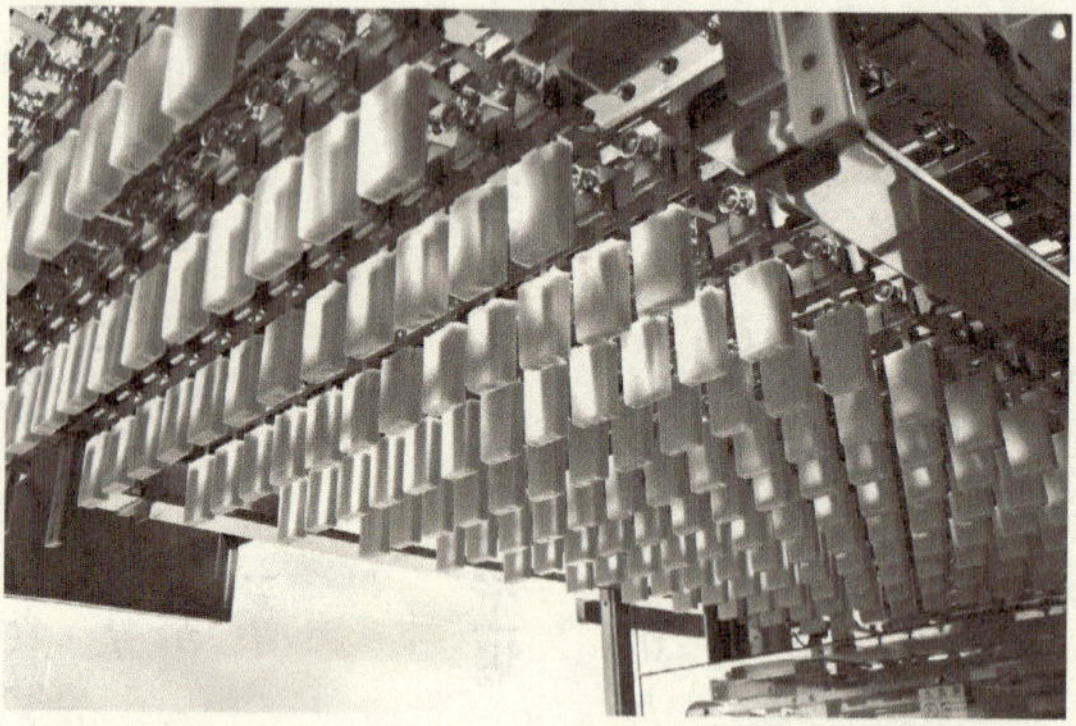

「ガリガリ君」の製造工程。アイスが完全に固まったら型から取り出す

工場の横を流れる小山川は、河畔約5キロにわたって植栽された〃千本桜〃で知られる埼玉県でも有数の桜の名所。

それにちなんで、この工場は「本庄千本さくら『5S』工場」と命名された。

この工場は日本のアイスクリーム生産量の約10％を製造する能力を持つ最新鋭の工場だ。その生産能力は年間8万キロリットル。

主力商品である「ガリガリ君」の製造工程そのものはシンプルだ。「モールド」と呼ばれる四角の型にアイスの外側にあたる部分の原材料を流し込み、零下32℃以下の液体で冷やし、凹型に固める。

次に、砕いた氷と原材料を混ぜ、シャリシ

ャリとした食感の中身の部分を流し込む。外側の原材料で「ふた」をして、最後にスティックを刺して完成。その後、袋詰め、箱詰めされ、出荷される。

1時間で箱詰めまでの工程を終える量は、1ラインで2万1千本。室温20℃、湿度60%以下に管理された最新鋭の設備で、「ガリガリ君」が超高速でつくられる光景は、実に壮観だ。

しかし、工程がシンプルだからこそ、ものづくりの奥は深い。

アイスをつくる機械には、それぞれ名前がつけられている。「あいちゃん」「りょうくん」「スザンヌ」「イチロー」など、それぞれの現場スタッフの思い入れたっぷりのネーミングだ。

機械がアイスをつくるのではない。つくるのはあくまで人間だ。だから、井上は生産現場にこう発破をかける。

「たとえ設備は一緒でも、同じものは絶対にできない。人の力、チームの力が不可欠だ」

設備のメンテナンス、品質管理、衛生管理、生産性向上など、設備産業だからこ

そ現場力が試される。

「5S」を冠する工場

新工場の名称には「5S」がつけられている。「5S」とは「整理・整頓・清掃・清潔・しつけ」のこと。ものづくりの基本中の基本の考え方だが、それを名称として掲げている工場は珍しい。工場の名称の一部に加えることで、「5S」を常に意識し、徹底させることを狙っている。

「5S」には次のような意味が込められている。

・整理：余計な不必要品は身の回り、設備周囲に置かない
・整頓：綺麗に揃える。元に戻すときは以前と同じように戻す
・清掃：清掃とは点検。清掃して、傷や不良箇所を見つけたら対策を講じる
・清潔：不快感を覚えないこと。常にピカピカであること

・しつけ：礼儀正しさ、モラルなどから出る行動の美しさを磨く

古市は社長の井上から聞いた言葉を、新工場で徹底させている。

「人はみかけによる。だらしのない奴は、仕事ぶりもだらしない」

当たり前のことを当たり前にやり続けるというのは本当に難しい。しかし、それができなければ、ものづくりの競争力はけっして高まらない。基本の徹底、規律の順守は、現場力の要である。

「5S」は現場レベルだけでなく、企業レベルでの取り組みとして位置付けられている。全社的な観点から、品質を高め、コストダウンを実現し、組織を活性化させることが狙いだ。

そのお手本を示すのが、本庄工場だ。工場の名前に「5S」が付けられていることの意味は深く、重い。

本庄工場では、「『5S』＋1S」として展開されている。「＋1S」は「笑顔（Smile）」である。「笑顔」を忘れた「5S」では、やらされ感が蔓延する。「あ

そびましょ。」の会社の最新鋭工場にふさわしい「5S」には、そこで働く人たちの「笑顔」が欠かせない。

新たな次元での品質管理・環境対策

この工場が誇るのは、その規模や最新鋭の設備、「5S」などの基本の徹底だけではない。すでに述べたように、品質管理、衛生管理面においても、業界水準を上回るさらなる高みに挑戦している。それは社長の井上の強烈な思いでもあった。

赤城乳業は「品質保証業」「商品開発業」「ソリューション営業」という三大方針を打ち出している。高いレベルでの品質・安全を担保する商品を提供する。楽しく、美味しい商品を開発する。そして、楽しい売り場づくりを提案する。この3つが赤城乳業の使命である。

そして、その第一に掲げられているのが「品質保証業」である。食品会社にとって品質管理、衛生管理は生命線。

もちろん、赤城乳業はこれまでにも品質管理に力を注いできた。１９９９年には製造の全工程で品質管理を行うＨＡＣＣＰシステムの認証をいち早く取得した。しかし、この工場ではさらなるレベルアップを目指し、食品ではなく医薬品を製造する製薬会社レベルの品質管理、衛生管理を導入している。ＧＭＰと呼ばれる医薬品の製造と品質管理の国際基準に準拠した設備やシステムを取り入れたのだ。

環境対策にもぬかりはない。アイスの生産では大量の水が必要だ。そのため、この工場では最新の排水処理施設を設け、法律で定められた基準を上回る厳格な自主基準でプラント排水を管理している。

お客様により安心して食べていただくためには、現状に満足していたのでは進化は望めない。現状維持は退化と同じだ。常に業界の常識を超えようと発想し、新たな次元の工場を目指している。

2 見せる・観せる・魅せる工場

工場をオープンにする

この工場のもうひとつのコンセプトが、「見せる・観せる・魅せる工場」だ。工場を広く一般に開放し、お客様や取引先の方々に見ていただくことを打ち出している。

食品会社の工場は、守秘性や衛生面の観点から一般にはオープンにしないのがこれまでの業界の常識であり、慣行となっていた。アイスの工場を見せるのは、業界のタブーだった。

しかし、社長の井上は工場のコンセプトをつくる段階で、広く開かれた工場にすることを想定していた。そして、プロジェクトリーダーであった古市に「見せろ！」

と指示した。そこにはこんな思いがあった。

「品質保証業としての私たちのものづくりの姿勢を見てもらうことが大切だ。どんなところで、どんな風に商品をつくっているのかを見てもらえば、安全で安心な商品であることを分かってもらえる。それが取引先との信頼強化やファンづくりにつながる」

2011年7月から工場見学の受け入れを開始。その人気は予想をはるかに超え、2012年には1万3千人もの見学者が来訪した。2011年には1日2回（1回20名）だったのを、2012年には3回、2013年には5回まで増やしたが、それでもこなし切れないほどの人気スポットとなった。

「あそび心」満載の工場見学

館内は工場見学者のための工夫が凝らされ、赤城乳業ならではの「あそび心」が満載だ。エレベーターにはガリガリ君のインパクトあるイラストが施され、待合スペースの椅子の背もたれも「ガリガリ君ソーダ」の形を模している。

一角には、ガリガリ君ストラップの「ガチャガチャ」が設置されていて、子どもだけでなく、大人の見学者も盛り上がっている。

ガラス越しに超高速でつくられる「ガリガリ君」を見るのは、実に壮観だ。「ガリガリ君」以外にも、ソフトクリームがくるくる巻き上げられてつくられていく工程など、見どころ満載。大人が見ても、ワクワクする。

ひと通り製造工程を見学すると、「ガリガリ君広場」につながっている。ここは子どもたちの「遊び場」をイメージした造りになっている。さまざまなガリガリ君グッズが展示され、ガリガリ君大仏やおみくじをひくコーナーまで設置されている。ここでしか買えないグッズも販売している。子どもたちは大喜びだ。

もちろん、最後には「ガリガリ君」の試食も楽しめる。ここでもいくつかのフレーバーから「選べる」楽しみを提供している。

まさに「ガリガリ君」のテーマパーク。これまで裏方に徹してきた工場が〝ショールーム〟となり、お客様や取引先に信頼を伝えるとても重要な接点の役割を果たしている。

見学者にみんなで「ありがとう！」

人気の工場見学を取り仕切っているのが、井ノ山奈央《いのやまなお》だ。本庄工場生産企画課係長である井ノ山の本業は、生産計画の立案などものづくりの仕事だが、工場見学の人気が沸騰する夏はその対応に大わらわになる。

その井ノ山が工場で働く人たちに呼び掛けて始めたのが、見学者に手を振るという運動だ。「工場にまで来てくれた皆さんを、工場で働く全員で出迎えたい」と考えた井ノ山は、窓越しに製造現場を見る見学者にみんなで手を振ろうと提案した。

最初は気乗りしない人や恥ずかしがる人もいた。井ノ山は工場を「見せる」ことの意義を繰り返し伝えた。

そして、今ではみんなが自然に手を振るようになった。窓越しではあるが、そこには見学者と現場で働く人たちとの心の交流が確実に生まれている。

さらには、見学者数が大台に達した時には、見学者たちに向かって「2万人ありがとう！」などと記したプレートを掲げるという〝サプライズ〟も始めた。予想もしなかった歓待に見学者たちから拍手が起こり、中には涙する見学者までいる。

見学者のアンケートによる評価はきわめて高い。すべての質問項目で「とてもよい」が80％を超えている。コメント欄にはこんな意見が寄せられている。

「楽しくてあそび心たっぷりだった」

「どこからどこまでも清潔。衛生面にすごく気を使っていることが分かった」

「すごく楽しかった。中の人たちが手を振ってくれてよかった」

見学者の満足度が高いのは、アイスをつくる工程を見ることができ、無料のアイスが食べられるからだけではない。赤城乳業が大切にしている「あそびましょ。」の精神や工場で働く人たちの心が伝わっているからである。

「見せる工場」は「魅せる工場」へと進化を続けている。

3 知恵を生む工場

「言える化」の実践

最新鋭の設備や人気の工場見学に注目が集まるが、本庄工場の真の実力はそこではない。この工場で働く社員たちの現場力こそが競争力の要だ。

ここでは、約１００人の社員、１４０人のパートナー社員が働いている。最新鋭の製造ラインは６つ。「ガリガリ君」などの量産品を担当している。

ここでも社員の力を活かすために、さまざまな工夫をしている。仕事を固定化させずに、さまざまな仕事に挑戦させ、一人ひとりの責任、守備範囲を広げている。古市はこう言う。

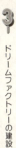

1976年オープン当初は“東洋一”といわれた赤城乳業深谷工場

「昔は場所に人をつけていたので、固定化していた。今は仕事に人をつけるのが基本。アメーバのように動き回るマルチタスク化を目指している」

通常の業務に加えて、改善活動も活発だ。改善提案箱に寄せられる提案件数は、月に約200件。よい提案は毎月表彰され、四半期ごとに優秀賞が贈られる。

11の委員会のうちのひとつ「EPAC」(効率的生産性管理委員会)は全社的な活動であるが、その大きな柱は生産部門である。「EPAC」では毎年全社目標が掲げられ、それが達成できると報奨金が社員に還元される。社内では「社長の約束」と呼ばれている。

不動在庫削減、ロス削減、クレーム件数削減など具体的な目標が設定され、そのための取り組みが全社的に展開される。ハードルは高いが、現場はその達成のために知恵を絞る。

改善活動や「ＥＰＡＣ」でも、若手社員の活躍が目立つ。「コンポタ」の開発に携わり、この工場で主任を務める岡村はこう指摘する。

「新入社員や2年目の社員たちが、『ここおかしいんじゃないですか？』『ここをこう改善したいんですけど』と言ってくる。この工場には何でも言える雰囲気がある」

「言える化」は本庄工場でも着々と根付き始めている。

２０１３年4月からは「ありがとう」カードの取り組みが始まった。

助けてもらったり、協力してもらった時に、感謝の気持ちを表す意味で「ありがとう」カードを手渡す。その数は毎月１００件以上。社員同士の結びつきもさらに強くなっている。

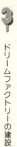

多品種少ロット工場の現場力

世間の注目はどうしても最新鋭の本庄工場に向かうが、深谷市の本社に併設されている深谷工場は長年にわたって赤城乳業のものづくりを牽引してきたマザーファクトリーだ。

赤城乳業では30年近くにわたってTQM（Total Quality Management）運動を展開し、品質管理強化に取り組んでいるが、それがスタートしたのもここ深谷工場だ。

1986年にTQMの前身であるTQC（Total Quality Control）運動の取り組みを開始し、それ以来愚直な活動が継続されている。赤城乳業の「品質」はまさに深谷工場から始まったのだ。

2012年度の第27回TQM選抜大会で最優秀賞と社長賞をW受賞したのも、深谷工場機械課の「ちーむぱみゅぱみゅ」だ。廃棄物のリサイクル率100%を目指した地道な取り組みが高く評価された。

深谷工場が稼働を開始したのは1976年。当時は「東洋一のアイス単体工場」として大きな話題となったが、時が経ち、今では設備面では最新鋭とは言えない。しかし、ここはこれまでのものづくりの経験を活かし、多品種少ロット商品の生産基地として新たな役割を担っている。

赤城乳業が世に送り出すアイスの数は年間約140品。そのうちの7～8割の商品は、深谷工場で生産されている。

品質保証部長の福丸英人《ひでと》は、深谷工場をこう称す。

「ここは製造部門の〝秘密基地〟」

多種多様な商品を効率的に生産することは容易ではない。多くの段取り替えが発生し、ロスも発生しやすい。

簡単な挑戦ではないからこそ、現場の知恵、熟練の技が不可欠だ。福丸はさらにこう指摘する。

「ユニークな商品の中には、つくりにくいものも多い。しかし、発売日は決まっている。〝なんとかしなくてはいけない！〟とみんなで知恵を絞っている。常に変化の

連続だ」

深谷工場には赤城乳業のものづくりのＤＮＡが脈々と流れている。

設備を活かすのは人

アイスは設備産業だ。しかし、たとえ同じ設備を持っていても、その生産性や品質は同じにはならない。その設備をいかに最大源に活用し、アウトプットを最大化するかが、生産企画や生産現場の腕の見せ所だ。

その生産企画に長年携わり、今は物流システム部で需給調整の係長を務める清宮《せいみや》宏之はこう言う。

「夏場だと、1週間に15回近くも生産計画の変更が入る。生産現場はもちろん大変だが、臨機応変に対応し、小回りが利《き》くのがうちの最大の強み」

清宮自身も入社後最初の2年間は、生産現場で働いた経験がある。だから、生産現場の苦労は身に沁《し》みて分かっている。

生産企画に異動して、自分で計画を組んでみるとなかなか思うようにはいかない。古巣の生産現場の社員に「お前は生産現場のことが分かっているのに、なんでこんな計画を組むんだ」と叱責されたこともある。

自分自身が作った生産計画の読みが甘く、生産量を確保できないかもしれないというピンチを何度も経験した。ある時には、量の確保のために生産委託先に急遽《きゅうきょ》頭を下げ、生産設備を車に積み込み、自分で運転して、なんとか生産をお願いして助けてもらったこともある。

夏場には、気温1℃の上げ下げで需要が激変するアイスという商品において、需要予測や生産計画の精度を高めるのは容易なことではない。小回りを利かせ、臨機応変に対応する能力が、生産現場には求められる。

だから、清宮は何か変更をお願いする際には、必ず現場に出向き、丁寧に説明した上で協力を仰ぐ。電話一本で済ますようなことは絶対にしない。設備を活かすのは、まぎれもなく人であることを清宮は知っている。

赤城乳業の新旧二つの工場は、それぞれの特徴を活かしながら、日夜「品質保証業」を実践し、進化を続けている。

第4章

Chapter 4

「ガリガリ君」大ブレーク！

1　25周年キャンペーン

踊り場の中での決断

１９８１年に発売を開始した「ガリガリ君」は、19年もの月日をかけ、２０００年に年間売上本数１億本の大台を突破した。赤城乳業の成長を支える屋台骨の商品となった。

その間のアイス市場の変化を見てみると、１９９４年の４２７０億円をピークにじわじわと減少傾向が続き、２００３年には３３００億円にまで落ち込んだ。アイスは気候の影響を大きく受ける商品であ

るとはいえ、市場のパイが縮んでいく傾向は顕著だった。

その中で、「ガリガリ君」だけは右肩上がりの成長を続けた。そして、２０００年に1億本を突破したのである。

しかし、さすがの「ガリガリ君」も２００４年に1億5千万本を達成すると、息切れ状態。2005年、2006年と売上本数は横ばいの状況が続いた。

普通であれば、これだけのヒット商品とはいえ、「さすがに限界か？」と考えてもよさそうだが、社長の井上はそうは考えなかった。

「『ガリガリ君』の持っているポテンシャルはこんなもんじゃない。まだまだいける」

会社全体も２００５年、２００６年と減収が続き、社員を鼓舞する必要もあった。ちょうど２００６年は「ガリガリ君」25周年の節目の年。それならば、大々的に仕掛けようと、「『ガリガリ君』プロジェクトをやるぞ！」と新たな号令を発したのだ。

社員たちの目に輝きが戻った。

「ガリガリ君」の魅力に磨きをかける

「ガリガリ君」が定番のヒット商品になったのには、それなりの理由がある。日本中どこのコンビニにいっても必ず売っていること。1本63円で買える手軽さ（注：2016年4月より76円）。食べ終わって当たり棒が出たら、もう1本もらえるという期待感とゲーム感覚。ひとつの味で3つのパッケージデザインが用意され、「どれにしようかな」と選ぶ楽しさ……。

こうした魅力が、特に小中学生の間で支持され、日本で一番売れているアイスキャンディになったのだ。

キャンペーンはそんな「ガリガリ君」の魅力をさらに高め、もっともっと美味しい商品、もっともっと面白い仕掛けを考え、実践しようというもの。まさに、赤城乳業の「あそび心」の出番だった。

2 新商品を続々と投入

2ヵ月毎に新しいフレーバーを投入

「ガリガリ君」はソーダ味などの定番に加え、季節毎に限定のフレーバーを投入し、移ろいやすい消費者ニーズを捉えてきた。スタート時のソーダ、コーラ、グレープフルーツの3つのフレーバーから始まり、これまでに開発・販売されたフレーバーは実に80種を超える。

キャンペーンに際して、赤城乳業は新商品の投入を年4回から2ヵ月毎に変更した。より多くの話題を提供するとともに、夏中心から1年を通して売れる商品を目指したのだ。

需要が低下する冬対策の商品として開発されたのが、「ガリ子ちゃん」。ガリガリ君の妹というキャラクター設定で、「ガリガリ」の一歩手前のソフトな食感を売りにした。ネット上では、萌え系論争が巻き起こり、ガリ子ちゃんの知名度は一気に高まった。

また、1本105円の「ガリガリ君リッチ」を投入（注：2019年3月より151円）。ちょっぴりぜいたくな味を楽しめる商品ラインの投入によって、子どもたちのブルジョア感を刺激した。

これらの新商品の開発により、2006年に発売された新商品は「ガリガリ君グレープ」「ガリガリ君いちご」「ガリガリ君あま〜いみかん」「ガリガリ君レモン」「ガリガリ君マンゴー」「ガリガリ君青りんご」「ガリガリ君白桃」「ガリ子ちゃんクリームソーダ味」「ガリガリ君リッチミルクミルク」の9つにも上った。

前年2005年の新商品は4つだったので、倍以上に増えた。これらの新商品が話題となり、市場を活性化させた。

「レインボー売り場」の展開

新商品の投入だけでなく、アイス売り場そのものを楽しくするための提案にも力を入れた。

いくら魅力的な新商品を開発しても、アイス売り場に立ち寄ってもらい、商品を手にとってもらわないことには売上拡大にはつながらない。そのためには、アイス売り場そのものを魅力あるものにする必要がある。

その秘密兵器となったのが、「レインボー売り場」だ。異なるフレーバーの「ガリガリ君」を虹のように並べ、「ガリガリ君」のPOPを飾り、楽しさを演出した。

多様な商品を開発することで終わらせるのではなく、そのバラエティの豊富さを「選ぶ楽しさ」につなげていく。売り場を活性化させようとする取り組みは、小売業からも高く評価された。

3 ユニークな販促でアイス売り場を活性化させる

“小ネタ”を仕掛ける

販促面では、話題を喚起する販促を次々に仕掛けた。ネット上で話題になりそうなさまざまな“小ネタ”を用意し、低コストでの話題づくりを実践した。

但し、話題づくりの目的は、あくまでも「お客様をアイス売り場に誘導する」ことに置かれている。単なる話題づくりだけでは、一過性の盛り上がりで終わってしまう。アイスの食シーンにつながるような話題づくりでなくてはならない。

そのためには、「ガリガリ君らしいか?」ということが常に意識されている。ガリガリ君らしさとは「元気」で「楽しくて」「くだらない」ということだ。なかでも、「くだらない」は赤城乳業の「あそび心」が最も活きる要素だ。

同じフレーバーで3つのパッケージデザインを用意するのも、ひとつの〝小ネタ〟であり、話題づくりだ。子どもたちの間で、「同じ味なのに、袋の絵が違うの、知ってる?」と話題になり、選ぶ楽しさも提供した。

スーパーのアイス売り場にオリジナルスプーン置場を設置したのも、〝小ネタ〟のひとつである。「ガリガリ君食べるのにスプーンなんていらないじゃん!」とネット上で話題になった。

さらに、部活をモチーフにした「ガリガリ部」という携帯コミュニティサイトを立ち上げた。新商品や懸賞などの情報を配信し、部員数は7万人に達した。

「ガリガリ部」では、ガリガリ君のファンを集めて合宿も行っている。小学生から大人まで、抽選で選ばれたガリガリ君大好き人間が約50名集まる。合宿といっても日帰りのイベントだが、まだ発売していない試作段階の新しいフレーバーの試食な

2006年12月、雪の降る中で行われた札幌でのキャンペーン

ど、ガリガリ君ファンにとってはたまらない企画が盛りだくさんだ。

「くだらない」の極めつけが、大雪降る札幌で行ったキャンペーンだろう。２００６年12月、真冬の札幌にガリガリ君の着ぐるみが登場。街ゆく人たちにアイスを配った。狙い通り、「雪が降っているのに、アイスの試食かよ！」などのコメントがブログなどに書き込まれ、話題になった。

〝小ネタ〟がネット上で話題となり、消費者の注目を集め、アイス売り場へと足を運ぶ。この好循環が「ガリガリ君」の売上を押し上げた。

コラボで大きな話題に

こうした販促活動を企画・展開するキーマンが、マーケティング部次長の萩原史《はぎわらふみ》雄《お》だ。1995年に赤城乳業に入社した萩原は、長年営業畑を歩んできた。その後、マーケティング部の前身の営業統括部に異動となり、それ以来マーケティングを担当している。〝小ネタ〟の仕込みも萩原が中心となって進めてきた。

〝小ネタ〟による話題づくりに加えて、萩原が力を注いだのが、コラボ企画である。異業種・異業態とのコラボによって、お客様をアイス売り場に誘導するような話題を提供したいと考えていた。

実は、萩原は「25周年キャンペーン」が始まる以前からさまざまなコラボ企画を進めていた。小学館でのマンガ連載、バンダイとの携帯ストラップ、コナミとのゲームの共同開発から始まり、文房具や入浴剤など年間100以上もの企画を仕掛けている。

２００６年には「ガリガリ君プロダクション」という子会社を、赤城乳業とデザイン会社「Ｇ」が共同で立ち上げた。ガリガリ君のデザインとキャラクターのブランド管理は、この「ガリプロ」が行っている。

キャラクターのブランド管理といっても、そこには赤城流が貫かれている。通常、キャラクタービジネスはそのキャラクターの世界観を綿密に定義し、ブランドストーリーを構築する。

たとえば、「ミッキーマウス」のように、そのキャラクターはどんな国に住み、どんな家族や仲間、趣味を持っているのかということが細かく決まっている。キャラクター独自の世界観を打ち出すためだ。

しかし、ガリガリ君はこの世界観を細かく定義していない。むしろ、できるだけ排除しようとしている。これが広い層にアピールし、世代を越えて受け入れられるキャラクターとなっているひとつの要因だ。

ガリプロには数多くのコラボ企画が舞い込む。しかし、あくまでもその目的はお客様をアイス売り場に誘導し、美味しいアイスを手にとってもらうことなのだ。

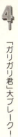

サッカー日本代表とのコラボ

「ガリガリ君」が国民的アイスキャンディと称される大きなきっかけとなったのは、２０１０年の日本サッカー協会とのコラボだった。サッカーワールドカップの日本代表と連動し、「ガリガリ君ソーダＳＡＭＵＲＡＩ ＢＬＵＥ」を期間限定で発売したのだ。

サッカー日本代表のユニフォームを着たガリガリ君がデザインされ、日本代表の試合のハーフタイムに食べることを呼びかけた。

ワールドカップ開催前には日本代表が不調だったため、「うまくいかないのでは」と危惧する声も社内にはあった。幸い、日本代表は南アフリカ本大会で決勝トーナメントに進出する活躍をしたため、大いに盛り上がった。

売上は激増。記録的な猛暑の後押しもあり、生産が追いつかないほどの人気を博し、社会現象となった。

そして、この年の「ガリガリ君」の年間販売本数は3億本を突破した。

4 30周年キャンペーン

大型コラボを続々と展開

翌2011年には、30周年を記念したコラボを展開した。国民的アイスキャンディとなった「ガリガリ君」には、他の人気商品や人気キャラクターとの大型コラボ企画が次々に寄せられる。

たとえば、大人気ゲームソフト「モンスターハンター」とのコラボ。このゲームは発売と同時に400万本が売れるという〝お化け〟商品だ。このゲームのファンである子どもたちに「ガリガリ君」の美味しさを知ってもらおうと、「ガリガリ君ハチミツレモン」を発売し、大人気となった。

長野県の山奥にある温泉で、ゲーム界の王者「モンスターハンター」とアイス界の王者ガリガリ君が揃い踏みをする合同イベントを開き、等身大のガリガリ君が巨大なアイスを持って登場するなど趣向を凝らした演出で、注目を集めた。

実は、この「ガリガリ君ハチミツレモン」のアイデアを出したのは、岡本と一緒に「コンポタ」を開発した岡村だ。「モンスターハンター」大好きの岡村は、このコラボ企画に大興奮。

プロジェクトメンバーたちはゲームを実際にやりながら、「モンスターハンター」に合った「ガリガリ君」の味探しを行った。そして、岡村がこう発言した。

「やっぱハンターが栄養補給に使うハチミツ味しかないっす。レモンと組み合わせたハチミツレモン味がいいと思います」

この一言で、フレーバーが決まった。

他にも、2011年夏に公開されたポケモン映画とのコラボを展開した。スペシャルパッケージの「ガリガリ君リッチチョコチョコ」を期間限定で発売。「当たり」が出ると、「ポケモン×ガリガリ君オリジナルTシャツ」がもらえるキャンペーンを行った。

さらには、「スター・ウォーズエピソード1」とのコラボを実施。アイスの味にもこだわり、宇宙をチョコ、砂漠の星をバニラ、隕石をチョコクッキーで表すこだわりを見せた。

他の大型キャラクターとの相乗効果で、ガリガリ君は押しも押されもせぬ国民的キャラクターとなった。

コラボで冬の需要を押し上げる

コラボは冬場対策としても効果を上げている。アイスは夏場の需要がとてつもなく大きいが、冬は厳しいビジネスだ。

これまでにも冬の需要を喚起するための施策に工夫を凝らしてきた。たとえば、2007年冬の受験シーズンに合わせて投入した「ガリガリ君リッチ紅白いちごミルク」にはおみくじをつけた。

ただの「当たり」ではなく、「大吉」や「大々吉」、さらには「超大々吉」まで用意し、予備校の前で商品を配るなどした。受験生たちの間では、「ガリガリ君リッチ」は「合格に効く」という口コミが広がり、〝受験関連商品〟として話題になった。

そうした冬場対策の一環として、コラボ企画も行っている。その成功例が2011年に行った「東京ラーメンショー」とのコラボだろう。

駒沢公園で開催されたイベント会場で、「ラーメンの後には『ガリガリ君』!」という新しい食シーンを提案。当時「幻《まぼろし》のガリガリ君」と呼ばれていた「ガリガリ君梨」を販売したところ、大好評だった。

単独では難しい冬場対策も、冬ならではの商品やサービスなどとの新たな「組み合わせ」の提案であれば、新たな需要を掘り起こすことができる。季節変動という宿命を克服する秘策として、コラボの可能性は大きい。

年間4億3千万本という偉業

大型コラボを進める一方で、萩原は30周年記念のスペシャルイベントを企画した。これはパルコとのコラボ企画で、「ガリガリ祭りｉｎパルコ」と銘打ち、渋谷パルコを皮切りに、主要7都市のパルコを巡回する全国キャラバンだ。

7種類の商品をオリジナル保冷バッグに詰めた「レインボーパック」やコラボＴシャツやコラボ消しゴムなども販売。「ガリガリ君撮影会＆じゃんけん大会」を公園通り広場で行うなど大きな話題となった。

こうした相次ぐ大型コラボは「ガリガリ君」人気をさらに後押しし、２０１１年の年間売上本数は4億本目前まで迫った。そして、その人気は翌２０１２年にも波及し、4億3千万本という史上空前の売上を達成したのである。すべての日本人が、年間に1人3本以上食べた勘定になる。

コラボはおもちゃや雑貨の分野でも広がった。タカラトミーアーツとコラボしたかき氷機は、「ガリガリ君」をセットして回すとフワフワのかき氷ができる商品。生産が追いつかないほどのヒット商品になった。

他にも、バンダイとのコラボによる入浴剤やトレードワークスとのコラボによる「氷タオル」や「冷却シート」など、夏のクールアイテムに「ガリガリ君」は欠かせないキャラクターとなった。

こうしたガリガリ君グッズはネットのオフィシャルグッズショップでも販売されている。冷えグッズ、ゲーム、生活雑貨、文具、絵本などその種類は数百種類に上る。

ガリガリ君はアイスキャンディにとどまらず、キャラクタービジネスとしての成功にもつながっている。

新しい「爆弾」を仕掛ける

2013年に入っても、赤城乳業は新たなコラボを次々に打ち出している。そのひとつが伊豆急行とタイアップしたガリガリ君による「オモシロ駅長」就任である。ガリガリ君が伊豆急下田駅の駅長に就任し、お客様をお出迎えしたり、伊豆の観光PRを行った。駅の係員たちも「ガリガリ君アロハ」を着て、観光客をもてなした。

さらには、車両の内外を装飾した「ガリガリ君電車」も運行。子どもたちに大人気だった。

この企画を推進したのは、マーケティング部係長の船木恵介だ。「世の中にインパクトを与えるような仕事をしたい」と思い、赤城乳業に入社した船木は開発部で「ガリガリ君」などの商品開発に従事した。

2011年にマーケティング部に異動した船木は、商品開発の面白さとは異なる顧客からのダイレクトな反応を楽しんでいる。アディダスカップというサッカー大会でのコラボ企画で、3000本の「ガリガリ君」をサンプリングした時のことを船木はこう語る。

「子どもたちが『〝ガリガリ君〟もらえるんだ!』と言って、目を輝かせていた。

こうした〝体験〟と共に、商品が擦り込まれ、食べるきっかけが生まれるんだと改めて再認識した」

「ガリガリ君」の大成功は、商品力だけで生まれたものではない。巧みな販促や効果的なコラボ企画を連続的に仕掛けることによって、顧客をアイス売り場に誘導することに成功しているのだ。

そして、その販促の原点は今でも〝小ネタ〟である。萩原はプロジェクトメンバーにいつもこう語りかけている。

「全員、ひとり1個でいいから、新しい『爆弾』を仕掛けるように！」

どんなに人気商品になっても、そのベースにあるのは社員たちの「あそび心」である。

第5章

Chapter 5

「言える化」こそ競争力

1　何でも自由に言える会社

常務、それは違いますよ

赤城乳業という会社の特徴は、年齢や肩書に関係なく、社員が自由闊達にものが「言える」ことである。風通しがよく、オープンでフランク、フラットな関係をとても大切にしている。

それを社長の井上は「言える化」と呼んでいる。「言える化」は井上が生み出した独自の言葉であり、彼の信念でもある。

社員たちが立場や役割を越えて、自由に何でも「言える」ことが組織の活性化につながり、一人ひとりの持っている能力を最大限に引き出す道であると井上は信じている。

こうした社風は社外からこの会社を訪れる人たちにとっては、時として驚きの光景に映る。たとえば、社外の人たちとの打ち合わせで、20歳代の若手社員が同席していた上司である常務に対して、「常務、それは違いますよ」と発言するのを聞いて、目を白黒させていたと言う。

本庄工場で生産企画部の次長を務める和田勝はこう言う。

「役職が上の人でも普通に話せる。若手社員が役員に平気でダメ出しをしている。社長でも意見が違えば反論する。とにかく言いたいことは言うのがうちの社風」

ちなみに、赤城乳業では学歴は一切関係がない。品質保証部の福丸は高卒で赤城乳業に入社し、その実績が認められ、部長職に就いている。

垣根のない、フラットな関係が「言える化」を可能にしているのだ。

「言えない化」が普通

「言える化」の実践は容易《たやす》いことではない。何もしなければ、組織は「言えない化」に陥るのが普通である。

組織の垣根やしがらみが幾重にも重なり、いつの間にか官僚化、硬直化してしまう。何か言いたいことがあっても、口を噤《つぐ》む。たとえ意見が異なっても、上司の機嫌を損ねたり、水を差すようなことは一切言わない。そして、次第に組織は活力を失っていく。

赤城乳業で「言える化」が実践されているというと、ずけずけ何でも言う個性の強い社員ばかりなのではないかと思うかもしれない。しかし、実際は正反対である。赤城乳業の社員の多くは、どこかフワッとしていて、ガツガツしている感じがまったくない。性格的には遠慮がちな人も多いかもしれない。

たとえ秘めたるものを持っていても、それが眠ったままでは大きな力にはならない。「強小カンパニー」を標榜する赤城乳業にとって、「言える化」は社員の能力を最大限に引き出すための生命線である。だからこそ、何でも自由に言える土壌を耕す努力を積み重ねてきたのである。

「言える化」の土壌を育む

「言える化」は個の尊重がなければ実現できない。一人ひとりの可能性を信じ、それぞれの考え方や意見をリスペクトする気持ちがなければ、「言える化」という土壌を育むことはできない。

経験や知識に富む人は、とかく若い人たちの意見を排除し、耳を傾けるという努力を怠《おこた》りがちである。その意味では、赤城乳業の役員や役職者たちは〝大人〟だとも言える。

相手の意見に耳を傾ける「聞ける化」があってこそ、「言える化」は成立する。「言える化」と「聞ける化」は表裏一体のものである。

常務の本多は社長の井上のことをこう評する。

「社長は相手が誰であっても、途中で相手の言葉を遮ることがない。見習わなくてはいけない」

若手社員に大きな仕事を任せるという「放置プレイ」も、上の人間の寛容さ、器の大きさがなければできることではない。干渉は容易いが、放置には忍耐が必要だ。経験のある人間だけで決めて、動けば、目先の仕事は効率的に回るかもしれない。でも、それでは人は育たないし、新たな発想やアイデアも生まれてこない。

営業部長の渋沢は、「言える化」を実践するための自分なりの努力を教えてくれた。

「中堅・若手中心の会議では、途中で席を外すようにしている。若い連中の話を聞いていると、どうしても一言言いたくなる。議論を妨《さまた》げないためには、そこにいないのが一番いい」

生産部門の管理職30名が集まる定例会議では、担当常務の古市は最初の一言だけ話すと退出する。古市はこう言う。

「会議の進行表に（役員退出）と書かれているので、出ざるをえない。ちょっと寂しいが、それで議論が活性化するなら大歓迎」

「言える化」という土壌は、一気にできるものではない。上の人間が「言える化」の重要性を認識し、日常の中でちょっとした努力や工夫、気遣いを積み重ねてつくり上げるものなのである。

「場」をしつらえ、「仕組み」でドライブする

「言える化」の実践のためには、中堅や若手社員の「発信する意欲」に対して、役員や管理職層の「受け止める度量」が不可欠である。

それは組織の「土壌」とも言うべきものだ。「土壌」を耕さなくては、花は咲かず、実もならない。

その一方で、その「土壌」を活かすための経営としての工夫も必要である。「種蒔き」や「栄養分の補給」をしなくては、「土壌」は活かせない。

赤城乳業で「言える化」が機能し、社員たちが躍動しているのは、次の二つの工

夫が行われているからだ。

・「言える化」を実践する「場」の設営
・「言える化」を加速する「仕組み」の構築

赤城乳業では、委員会やプロジェクトが「場」であり、きわめて効果的に機能している。

「場」の設営とは、社員が自由闊達に何でも言える「場」をしつらえることである。

「仕組み」の構築とは、「言える化」の実践を側面からサポートし、加速させるシステムをつくり上げることである。「何でも言え！」と言っておきながら、言ったことがマイナスの評価につながるのでは、社員は何も言わない。評価や教育など「言える化」をドライブする仕組みが不可欠である。

2 委員会経営の極意

「言える化」を実践する「場」の設営

どの企業でも、通常の機能別組織だけでは縦割り組織の弊害が出てしまい、横の連係がうまく進まない。組織が部分最適の集合体と化してしまい、全体最適の視点がどうしても弱くなってしまう。

そうした組織上の弊害を克服するために、部門横断的（クロスファンクショナル）な委員会やプロジェクトを設営し、より広い視野で議論し、知恵やアイデアを生み出す工夫を行っている会社は多い。

変化のスピードが加速し、目まぐるしく移り変わっていく環境の中では、従来の縦割り組織だけでは限界がある。「横串《ぐ》し」を指す横断的な動きを加速させなければ、変化に対応することはできない。

そうした業務面での効果に加えて、赤城乳業では委員会やプロジェクトに思い切って若手社員を抜擢し、「言える化」を実践する「場」として機能させている。委員会は必要に応じて新設や廃止が行われるので、その数は固定しているわけではない。現在は11の委員会が設置され、多くの社員が通常の業務とは別に参画している。

本庄工場の井ノ山も、これまでに数多くの委員会で活躍してきた。彼女はその効果をこう語る。

「委員会やプロジェクトに参加することによって、通常の業務では経験できないことに挑戦させてもらっている。視野が広がっていると思う。社内の他部署の人たちとも知り合えるので、風通しもよくなる」

約3分の1の社員が参加

現在設置されている11の委員会は、左記の通りだ。実に多様なテーマが設定されている。

・EPAC（効率的生産性管理委員会）：不動在庫、不動商品の発生や製造ロスなどを削減し、生産性を高める
・5S委員会：5Sを推進、徹底させ、改善提案を実施する
・ホームページ委員会：ホームページを活用し、情報を発信し、ファンを獲得する
・PR委員会：社内広報誌「月刊ガリプレス」を発行し、会社の行事や業績、新商品などの情報をタイムリーに伝える
・新商品アイデア研究会：社員やその家族などから新商品のアイデアやネーミングを広く募り、商品化に活かす

・りくなび委員会：採用戦略に基づき、面接、内定者フォローまでを一貫して行う

・コンプライアンス委員会：コンプライアンスの浸透と厳守のための風土づくりを行う

・IT委員会：全社最適のIT活用を推進するために、ネットワークや情報共有ツール、OSなどITグランドデザインを策定し、推進する

・TDC（技術開発委員会）：他社が真似できないようなピラー商品開発のための設備的課題、生産技術向上などを検討する

・FSC（食品安全委員会）：食品の安全を徹底させるための情報共有、意思決定、落とし込みの迅速化を推進する

・SEC（戦略的教育推進委員会）：自律型社員を育成するための人材づくりプランを策定し、実行する

こうした委員会に加えて、柱となる5つの商品は部門横断的なプロジェクトが編成され、開発が推進されている。それらは次の5つである。

・「ガリガリ君」
・「ガツン、とみかん」
・「濃厚旨ミルク」
・「ドルチェTｉｍｅ」
・他社とのコラボ商品

第1章で紹介した岡本、岡村コンビは「ガリガリ君プロジェクト」のメンバーとして「コンポタ」の開発に携わったのだ。

現在、これらの委員会やプロジェクトのメンバーになっている社員は約130名。全社員の内の約3分の1は、なんらかの委員会やプロジェクトに関わっている。

メンバーは毎年見直しが行われるので、数年単位で見ればほとんどの社員が通常業務とは別に何らかの委員会活動に参画していることになる。

11の委員会と5つのプロジェクトが、縦割り組織に横串しを刺すように編成され、社員たちが縦横無尽に動き回る。赤城乳業では、会社全体でマルチタスク型の組織運営を行っているのだ。

新商品はみんなで考える

こうした委員会が活性化している分かりやすい例が、新商品アイデア研究会だ。毎回テーマを設定し、それに沿った新商品のアイデアやネーミングを社員全員から募集している。対象者は社員、パートナー社員だけでなく、その家族や取引先からの応募も受け付けている。

実際、社員の娘さんである小学生のアイデアが採用されたこともある。アイスという身近な商品とはいえ、「みんなで楽しもう」の輪がこれほど広がっているのは珍しい。

2012年の応募件数は約330件。商品化までいくケースは稀《まれ》だが、ここで集まったアイデアがヒントとなって新商品化された例は少なくない。

Gari Press monthly 1月号

Vol.153 Winter Vol.153 2012.12.26

AKAGI 月刊ガリプレス 12/26 発行［毎月発行］

特集 第27回TQM選抜大会 深谷工場 機械課 最優秀賞&社長賞をW受賞!!

11月30日(金)深谷文化会館にて、第27回TQM選抜大会が行われました。

今年は本部ごとのブロック予選を勝ち抜いた全10チームによる発表でした。どのチームも最優秀賞を狙っている、その熱い想いが伝わってくるような、見事な発表でした。そのため、審査結果も接戦になりました。

その中で、最優秀賞を見事勝ち取ったのは深谷工場機械課のちーむぱみゅぱみゅ! 更に社長賞とのダブル受賞!

そんな機械課ちーむぱみゅぱみゅのみなさんにコメントを頂きましたのでご紹介させて頂きます。

第27回TQM選抜大会で最優秀賞と社長賞のW受賞に輝いた本社深谷工場の機械課から皆様にお礼を申し上げます。

今回の機械課TQM活動は、リサイクル率100%を目標として活動を進めてまいりました。社会的に見て「企業のリサイクル率100%が当たり前の時代になっている」が、赤城乳業では、本庄工場は100%、深谷本社工場は95%となっていました。

関係業者を巻き込み、さらに深谷工場全体を巻き込んだ活動をする事で、最終的には深谷工場でもリサイクル率100%達成という結果を出す事ができました。

これも、本社深谷工場全員のご協力と本庄工場からのアドバイスがあったからだと思います。

本当にありがとうございました。

第27回TQMスローガンは

『Akagi Quality for future!
〜全員参加のTQMを目指そう!!〜』

でしたが、全員参加の活動は出来たでしょうか?

早くも2013年のTQM活動が始まります! 来年の最優秀賞を目標に、新たな気持ちで活動に取り組んでいきましょう!!

機械課のみなさん、おめでとうございます。

TQM結果

●最優秀賞&社長賞
深谷工場 機械課
「ちーむ ぱみゅぱみゅ」
廃棄物のリサイクル率100%

●優秀賞
本庄工場 生産企画室
「チーム ミノワマン!!」
お客様への見える化徹底強化
−Akagiをもっと知ってもらい Akagiファンを増やしちゃうぞ大作戦−

●第3位
開発部
「チーム六本木〜安全な仲間たち〜」
製造移管における管理幅の共有、見える化
〜開発視点からの品質UP〜

●ベスト発表者賞
営業部 中四国支店
秋山 美里

●事務局賞
深谷工場 集配課&購買部
「ダンボール連合(株)」
物流上の濡れによるお申出の対策

事務局賞は全活動チームの中で資料の提出状況や計画性が最も優れているチームに贈られます。

委員会のひとつPR委員会が作成する社内広報誌「月刊ガリプレス」

優秀なアイデアは毎年、金一封と共に表彰される。表彰者は年に15名程度だ。総務部の須藤も熱心に応募するひとりだ。

「毎年応募し、これまでに2回表彰された。去年は5枚アイデアを出した。〝こんな商品あったら楽しいかも……〟といつも考えている」

新商品アイデア研究会は全員参加のアイデアコンテストなのだ。

若手をリーダーに据える

こうした委員会やプロジェクトを導入している会社は多い。縦割り組織の弊害を克服したいという悩みはどの会社も共通だ。

しかし、形だけ他社の取り組みを真似てはいるが、実質的に機能していないケースも多い。赤城乳業で委員会やプロジェクトが効果的に機能しているのはなぜだろうか。

それは委員会やプロジェクトをリードする委員長の人選とアドバイザーの存在に

ある。

委員長やプロジェクトリーダーは年齢や役職に関係なく、目的遂行に最も合致した人が選ばれる。だから、主任や課長補佐、係長クラスが委員長やプロジェクトリーダーに就くこともある。時には、入社数年目の若手が抜擢されることもある。たとえば、「ホームページ委員会」は28歳の主任が委員長を務めている。「PR委員会」の委員長は課長補佐である。そして、社長や専務、常務たちがアドバイザーとして委員長たちをサポートしている。

プロジェクトも同様である。「ガツン、とみかん」「旨ミルク」のプロジェクトリーダーはどちらも係長だ。アドバイザーには部長、次長クラスが就いているが、プロジェクトを推進する中心は若手社員たちだ。

多くの会社では、委員会やプロジェクトを組織化しても、権威づけなどの理由でその長や補佐には役員などの役職者が就き、〝重い〟組織にしがちである。それでは通常の組織と何も変わらない。

委員会は「異質」だからこそ価値がある。若い社員たちの力を活かし、異質の

視点や発想を期待するのであれば、若い社員たち中心の運営が必須だ。

若手社員をリーダーに据えるのは、メンバーたちが自由闊達に何でも「言える」シンボルであり、求心力でもある。「自分たちに任されている」と自覚することが、「言える化」につながるのである。

「言える化」を加速する「仕組み」の構築

委員会制度やプロジェクトは、若手社員が何でも自由に言えるための「場」の設営である。そもそも発言する機会や場が設営されていなければ、「言える化」が機能するはずもない。

しかし、そうした「場」を設営すれば、「言える化」が加速され、自由闊達な組織が生まれるかというと、それほど単純なものではない。

組織は言うまでもなく人によって構成されている。構成要素である人同士がどのような関係性を築くかによって、組織の風土が決まるといっても過言ではない。

人と人とが信頼関係を築き、お互いに心が開いた状態であれば、自由にものが言い合えるだろう。一方、お互いに無関心であったり、少しでも不信感を抱いていれば、自由に発言するはずもない。

フラットな組織というのは、〝組織図〟の話ではない。お互いの気持ちがフラットな状態となり、自由に何でも言い合えるという心のありようのことだ。

赤城乳業で「言える化」が機能しているのは、「場」の設営に加えて、そこで働く人同士の心が開き、つながるためのさまざまな仕組みを工夫し、長年に亘《わた》ってつくり込んできたからである。

それらの仕組みは、次の４つに大別できる。

①失敗にめげない評価の仕組み
②部下が上司を評価する仕組み
③「学習する組織」へ脱皮する仕組み
④帰属意識を高める仕組み

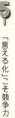

これらの仕組みによって、経営者・管理職と社員たちの、そして社員同士の心がつながるからこそ「言える化」は機能している。「心のつなぐ化」なくして、「言える化」は実現できないのだ。

4つの仕組みをひとつずつ解き明かしていこう。

3 失敗にめげない評価の仕組み

「失敗」はペナルティで帳消し

「言える化」によって仕事を楽しみ、新しいことに挑戦する赤城乳業の企業風土は、独自の評価システムによって支えられている。

どの会社でも、社長をはじめ役員や部長たちは若い社員たちに「どんどん失敗しろ。失敗を恐れるな」と煽《あお》るが、挑戦した結果が失敗に終わり、それによってマイナスの考課がされたのでは、挑戦するのを逡巡するのは当たり前だ。失敗によって「減点」されるくらいなら、何も挑戦しないほうがいいと考えるようになる。

赤城乳業では挑戦に伴う失敗を、通常の人事考課とは切り離して処理する仕

組みを確立している。

具体的には、社員たちの仕事上の失敗は全社の管理会議に諮《はか》られ、審議される。結果だけではなく、どんなことをしようとしたのか、なぜうまくいかなかったのかなどが議論され、失敗についての評価が下される。失敗の原因が個人やチームの過失だと判断されれば、数万円程度の〝ペナルティ（罰金）〟が課せられることもある。

一見厳しいように見えるが、実はこれは挑戦したことによる失敗を後に引きずらないための工夫である。たとえ失敗しても、〝ペナルティ〟によって帳消しとなり、通常の人事考課には影響を与えない。むしろ挑戦したことは加点として評価される。

管理本部長である常務の本多はこんな例を教えてくれた。

「ある社員の失敗を評価していたら、結果は失敗だったが、他の面での貢献につながっているということが分かった。〝ペナルティ〟どころか、加点評価になった」

新しいことに挑戦しても、うまくいかなければ、気持ちは萎縮してしまう。挑戦と結果を切り離し、「失敗してもいい。また挑戦しろ」という会社のメッセージを送り続ける。〝ペナルティ〟は社員たちに対する激励でもあるのだ。

チャレンジした社員から罰金がとれるか！

マーケティングを担当する萩原が、自身の失敗談を教えてくれた。自らの発案で「シャリシャリ君」という新商品を開発し、発売した。「シャリシャリ君」は「ガリガリ君」の真ん中部分、シャリシャリ食感のかき氷部分だけを詰めた商品。「ガリガリ君」が変身した新バージョンの商品ということで、全国のコンビニで展開した。

しかし、結果は失敗だった。まったく売れずに、商品が売れ残り、大量に廃棄するという結果になってしまった。

責任を感じた萩原は、営業を統括する専務の井上孝二に、「すいません、大赤字です」と正直に話した。〝ペナルティ〟も覚悟していた。

しかし、専務の井上は萩原にこう語りかけた。

「チャレンジした社員から罰金をとる会社があるか！」

ホッとした萩原に、井上はさらに言葉を続けた。

「ところで、いくら損した？」

萩原は正直に「1億円近いです……」と答えると、井上の顔は一瞬蒼《あお》くなり、萩原にこう伝えた。

「やっぱり罰金払え！」

萩原はボーナスから3万円を払い、この件は一件落着となった。

実は、この話はまだ現在進行形である。なんと「シャリシャリ君」は2013年夏に再発売されたのだ。

萩原は諦《あきら》めていなかった。社内を再度説得し、2012年にテスト販売を実施。その結果が好評だったことによって、再度、全国販売にこぎつけた。

「華麗なる失敗作」としてメディアで紹介され、「7年ぶりのリベンジを果たせるか？」と口コミが広がり、話題となった。これも「失敗」を逆手にとった赤城流の「あそび心」だ。失敗にめげない評価の仕組みがあるからこそ、赤城乳業の社員たちは常に前のめりになることができるのだ。

4 部下が上司を評価する仕組み

下が上を評価する

赤城乳業では多くの会社同様、自己申告の仕組みが導入されている。担当業務の状況や異動希望などを社員一人ひとりから聞き、定期的に上司と面談する仕組みだ。他社と異なるのは、自己申告の中に委員会やプロジェクトに関する項目が上げられていることだ。参加している場合はその内容について、参加していない場合は参加希望の有無、希望する委員会・プロジェクトは何かなどについて記入することになっている。

通常業務と同様に、委員会やプロジェクトが仕事の大きな柱になっていること

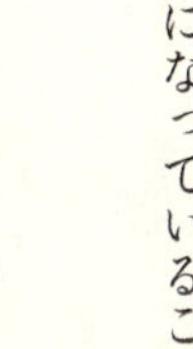

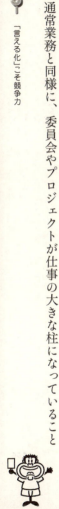

が、ここからも窺える。

赤城乳業では自己申告に加えて、上司評価、つまり部下が上司について評価するシートが用意されている。これが他の企業と大きく異なる点だ。

評価は「上が下に対して行うもの」というのが一般的だが、赤城乳業は「下も上を評価する」仕組みが導入され、定着している。まさに、「下から目線」の真骨頂だ。

この上司評価は、上司に対する「社員の本音」を聞き出すものだ。評価シートは上司を経由せず、直接人事担当者に送られ、それに目を通すのは社長、専務、そして管理担当役員のみである。

あなたの上司は何点ですか？

上司評価シートの内容は各本部によって若干の違いはあるが、約20の質問項目が記載されている。コミュニケーションの程度、方針や指示の明確さ、支援や助言の程度など、上司にとってはシビアな質問項目が列挙されている。

どの本部のシートも、一番最初の質問項目はコミュニケーションについてだ。

社長の井上は「対話」の重要性を強調する。「管理職の仕事の8割は部下との対話だ」と言い続けている。

それが実践されているかどうかを確認、問題点をあぶり出すのが、この評価シートの目的だ。たとえば、開発本部では「上司は定期的にミーティングを実施していますか?」という質問に対し、①毎日、②週一、③不定期、④実行していないの4つの選択肢が用意されている。

上司と部下のコミュニケーションに関する認識ギャップについて、井上はこう指摘する。

「上に聞くと〝部下とはよく話をしている〟と言うが、下に聞くと〝話してもらっていない〟と感じている。このギャップを放置したままでは、仕事はうまくいかない」

質問項目の最後には、きわめてストレートな質問が用意されている。それは「あなたの上司を評価すると?」という質問だ。

回答の選択肢として、営業本部では次の5つが用意されている。

①S：尊敬している。自分自身の目標の人物である
②A：尊敬している。仕事にやりがいを感じさせてくれる
③B：学ぶ点は多いが物足りなさがある
④C：あまり期待していない
⑤D：早くこの上司から離れたい

開発本部の選択肢は次の4つ。

①80点以上：一緒に頑張れる
②60点以上：学ぶ点は多いが物足りない
③40点以上：あまり期待していない
④40点未満：早くこの上司から離れたい

部下による上司評価は、当然上司に緊張感を与える。上司は部下に見られているという意識を持ち、言動に注意を払い、より積極的に部下を育て、支援するように動く。

また、部下にとっても、別の意味での緊張感が走る。総務部の須藤はこう言う。

「人事異動を見ると、上司評価が反映されているなと感じる時がある。ちゃんと見てくれていると思うと、いい加減な評価はできないし、責任を感じる」

若手社員も昇進すれば、やがて上司となり、評価を受ける立場となる。自分が部下の頃、上司に対してどのような思いを抱いていたのかを振り返りながら、自らのふるまい、言動に気を付けるようになる。

「働いている人の目線」を忘れないための上司評価は、赤城乳業ならではの「言える化」の仕組みのひとつなのである。

5 「学習する組織」へ脱皮する仕組み

実践で鍛える

赤城乳業は人づくりにとても熱心な会社だ。若手社員に大きな仕事を任せる一方で、仕事を通じた実践的教育に管理職は工夫を凝らしている。

たとえば、岡本や菅野の上司である執行役員開発部長の榎本寿也は、若手社員たちに「アイデア千本ノック」を課している。これは新商品の〝ネタ〟を1日最低3本、1年で千本考えさせるトレーニングだ。

新商品のヒントは、身近な日常生活の中にある。何気ないこと、ちょっとしたことから新商品を連想することができるかどうかが鍵だ。岡本がある駄菓子から「コンポタ」を思いついたのも、まさにこの発想法の賜物だ。

営業本部では、通称「M研」と呼ばれる研修が長年に亘って行われている。M研とは「マーケティング研究会」の略だ。

スタートしたのは、１９９５年。当時、まだシェアが低かったスーパーマーケットを攻略するために、各営業マンのノウハウや成功事例を持ち寄り、共有し始めたのがきっかけだ。

今では年に3回、全国の支店から全営業マンが集まり、2日間の研修を実施している。その内容は多岐に亘り、とても充実している。

初日の午前中は、入社3年以内の若手営業マンを対象とした営業の基礎・基本の研修が行われる。そして、午後には開発部やマーケティング部から新商品や販促策の説明が行われた後、各支店で実施した売り場提案の検証結果や営業マンの成功事例などが発表され、共有される。

ここでも若手営業マンたちは「言える化」を実践し、自ら吸収していく。一人前として扱われ、大きな仕事を任されているという意識があるからこそ、積極的な質問や発言が生まれてくる。

2日目にはロールプレイングなど実践的トレーニングが行われる。バイヤー役と営業マン役に分かれ、商談を再現。先輩たちから厳しい実地指導を受けるまさに「営業道場」である。

赤城乳業ならではの「ソリューション営業」のノウハウはここで磨かれ、若い世代へと引き継がれているのだ。

コラボは絶好の学習の場

赤城乳業はさまざまな企業とのコラボを展開している。こうしたコラボの目的はビジネスの拡大を目指したものだが、その一方で、ネスレやバンダイなどそれぞれの業界の一流企業から多くを学ぶ場でもあると位置付けている。コラボを推進する萩原はこう指摘する。

「コラボ企業から学ぶことは実に多い。異業種の一流企業の経営に接することによって、自分たちに足りないものに気づく。私たちにとってはまさに生きた教材だ」

たとえば、ネスレはすべてにおいて「エビデンス」（証明するための材料）を要求する。感覚ではなく、数字や事実に基づいて実証的にビジネスを進めることの大切さを学んだという。

アディダスというドイツに本社があるグローバル企業とのコラボでは、「世界を感じる」経験をしたという。「地球サイズで考える」とはどういうことなのかを身を持って体感した。

最近では、2008年に北海道のリッチな生チョコレートで有名な「ROYCE'（ロイズ）」とコラボを開始し、「ロイズアイスデザート」を発売した。そのロイズからは、独自のビジネスモデルやブランド管理の考え方や仕組みが大いに勉強になったという。

異業種、異業態だからこそ学ぶべきものがある。「学習する組織」にとっては、日常のビジネスそのものが学習する材料なのである。

受講率3年連続100％

こうした現場での実践的トレーニングに加えて、全社的な教育にも力を入れている。教育予算は年間3000万円が用意されている。その根底には、「個人が成長することにより会社も成長する」という考え方がある。

教育を専門とする委員会「SEC（戦略的教育推進委員会）」が中心となり、教育・研修体系を充実させてきた。「学習する組織」へと脱皮する道筋をつくるのが「SEC」の役割だ。

具体的には、「赤城社会大学」と呼ぶ研修プログラムをつくり、社長の井上自身が学長になっている。全社研修に加えて、各本部別に階層別研修やスキル研修などが体系的に整備されている。

それらに加えて、自己啓発を目的とした多様な通信教育を充実させている。これらの通信教育はけっして強制ではないが、その受講率は3年連続で100％。

自分が勉強したいテーマを「言える化」し、自らの意志で学習する。押しつけではないからこそ、地道な学習を続けることができる。

同期と一緒に感動してこい！

そうした教育体系の中で、ユニークなのは「感性教育」だ。これは映画やミュージカルなどを鑑賞し、人間としての情緒性を育むことを目的としたものだ。もちろん費用は会社持ちだ。

この「感性教育」にも赤城乳業ならではの仕掛けが施されている。それは入社同期のメンバーたちで観に行くことを条件としていることだ。

同期入社の仲間たちは、入社時にはとても強い絆《きずな》を持っている。しかし、時が経つにつれ、働く部署も異なり、接触する機会はどんどん減っていく。せっかくの仲間意識や絆が薄れ、仕事をする上でもなんとなく敷居が高くなってしまう。人間関係という貴重な財産が失われてしまうのだ。

だから、このプログラムを利用して、「『ライオンキング』でも観に行くか」と同期たちが再び集まり、仕事から離れて、感動を共有し、絆を再確認する場を会社が設営しているのだ。観賞後の食事代まで、会社が負担している。仲間意識を取り戻した同期たちは、仕事上でもコミュニケーションがより密になり、何でも自由に「言える」関係を再構築する。それが仕事の質の向上にも間違いなくつながっていく。

社内報「ガリプレス」には、『サウンド・オブ・ミュージック』を観劇した本庄工場の篠原大樹のコメントが載せられている。同じ舞台を何十回、何百回も繰り返しているにもかかわらず、鳥肌が立つぐらいの感動を与えるステージを体験した篠原はこう言う。

「毎日何万本、何十万本のアイスを製造しているが、常に全力で製造しているかと聞かれたら、自信を持って〝イエス〟とは言えない。常に一流のプロ意識を持って、一期一会の精神で一つひとつアイスをつくっていきたい」

チームや仲間としての一体感を高めることに加えて、「感性教育」は新たな気づきをもたらしている。これこそが、赤城流「学習する組織」の狙いでもある。

6 帰属意識を高める仕組み

全社員参加の社員旅行

何でも自由に「言える」組織になるためには、みんなが心を開き、腹を割って話せる関係性をつくらなければならない。心に「壁」があるのに、「何でも言え」といっても本音で話すはずもない。

赤城乳業ではそうした心の壁を取り払うためのインフォーマル・コミュニケーションを常に心掛けている。仕事を離れたコミュニケーションを増やすことで、お互いのことを知り、心が開く状態をつくろうとしているのだ。

たとえば、設立50周年の２０１１年には、全社員参加の社員旅行を実施した。伊

香保温泉に330人で繰り出した。新入社員がアトラクションを行い、そこに酔ったベテラン社員が乱入する。社長から新入社員までが胸襟《きょうきん》を開き、大宴会で盛り上がった。

総務部の須藤は社員旅行のメリットをこう語る。

「電話でしか話したことのない他部門の社員に会えるまたとない機会。最初は思わず〝いつもお世話になっています〟と言ってしまうが、人を知ることで仕事が格段にしやすくなる」

全社の社員旅行は数年に一度程度だが、部門ごとの旅行は毎年実施している。部門内の垣根を取り払い、一体感を醸成するためには欠かせないイベントと位置付けられている。費用は社員が毎月積み立て、会社が補助を出す。木曜から金曜の1泊2日は出勤扱いだ。

開発本部と管理部門合同の〝事務所〟では、ここ8年で5回も海外に出掛けた。サイパン（2回）、グアム、韓国、台湾などの行き先は、若手社員が中心となって決めた。2012年には専務の井上が参加した。

「今どき、社員旅行なんて古くさい」と感じるかもしれないが、若手社員たちにも大好評だ。それぞれがお互いの新たな一面を知り、ひとつのチームとしての一体感を感じる。帰属意識が競争力につながっているのは間違いない。

管理職は経営者

会社に対する帰属意識は、社員に対して株を分け与えることからも生まれている。同社は非上場だが、これまでの増資のたびに係長以上の管理職に報酬の一部として株を分け与えてきた。一般社員も持ち株会に参加できる。

全体における社員の持ち株比率は40%近い。もちろん株主になれば、配当を手にすることができる。総務部長の本田は「業績がよければ、ちょっとしたお小遣いになる」と教えてくれた。

管理職に株を持たせる背後には、「管理職は経営者」という井上ならではの考え方がある。株を持つことで、オーナーシップが生まれ、経営者の目線を心掛けるよ

うになる。

「自分の会社」という意識が芽生えれば、部下への接し方も変わってくるはずだ。部下に気持ちよく働いてもらう。部下を育て、その能力を最大限に引き出そうとする。こうした管理職の意識があってこそ、「言える化」の土壌は育まれてきたのだ。

さらに、赤城乳業には「半月ホーレンソー」という仕組みがある。「ホーレンソー」とは報告・連絡・相談のこと。これは次長以上の役職者が2週間に1度、社長と専務へダイレクトにメールでレポートをする仕組みだ。

内容は「業務に関すること」「経営に関すること」「人に関すること」「その他」の4つだが、単なる〝報告〟だけでは怒られる。プライベートなことも含めて、何でも本音で話せる〝ホットライン〟だ。役職者にとっての「言える化」の仕組みとも言える。

社長や専務と役職者の間で「言える化」が機能しているからこそ、会社全体に「言える化」が根付く。人と人がつながることこそが、「言える化」の実践において何より大切なのである。

第6章

Chapter 6

自分のために働け

1 異端たれ

仏に魂を入れる

赤城乳業という会社の個性、独自性は、社長である井上のリーダーシップ抜きでは語れない。井上は間違いなくカリスマだが、けっしてワンマンではない。

会社の大きな方向性や指針を示したり、経営者しかできない英断を下すのは井上だが、その実行においては社員たちを信頼し、社員たちに仕事を委ねる。トップダウンとボトムアップの両立が絶妙である。

井上には自らがよって立つ思想がある。それを簡潔でインパクトのある言葉で語り、社員たちを鼓舞する。そして、「赤城イズム」とも呼ぶべきこの思想は組織全体に根付いている。

「強小カンパニー」の実現のために不可欠な「言える化」という競争力を手に入れるためには、「場」の設営や「仕組み」の構築だけでは不十分だ。それを支える独自の思想があるからこそ、場や仕組みは機能し、成果を生み出す。

「形」ではなく、「考え方」がしっかりと確立しているから、全体が機能する。経営者の仕事は「形」をつくることだけではない。「仏に魂《たましい》を入れる」ことこそ、経営者の最大の責務である。

大手と同じじゃダメだ

井上の思想の原点は、「異端たれ」だ。小さくても強い会社、すなわち「強小カンパニー」を実現するためには、「異端」の道をあえて選択し、積極果敢に新機軸に挑戦していくことが必要だと説いている。

冷凍技術へのこだわり、コンビニルートの開拓、ユニークな販促展開など、赤城

乳業の独自性が「異端」の発想から生まれているのは間違いがない。大手の物真似、後追いを排除し、独自の道を創ってきたからこそ、今の赤城乳業はある。

「異端」とは「邪道」ではない。「異端」とは「先進」であり、「先端」である。先を読み、未来を見据えて、誰もやらないことに挑戦していく。それこそが「異端」の本質だ。

コンビニルートの開拓、新工場での新しい次元での品質管理・衛生管理の取り組み、「見せる・観せる・魅せる工場」の展開などは、「異端」だからこそできた新機軸の好例だ。

お前たち、大企業病か？

萩原があるエピソードを教えてくれた。若手社員に対する教育を議論する場で、若手にもっと色々な経験を積ませたほうがよいのではという意見が出され、「もっとジョブ・ローテーションを積極的に行ってはどうか？」という案が出てきた。それに対して、専務の井上はこう反論した。

「お前たち、大企業病か？」

色々な経験を積ませることによって、確かにバランスのとれた〝平均点人間〟は育つかもしれない。しかし、それでは大手の人材育成と同じになってしまう。赤城ならではの〝尖《とが》った人間〟を育てようと思ったら、普通のジョブ・ローテーションの仕組みをそのまま導入したのでは、かえって競争力を弱めることになりかねない。色々な経験をすることの大切さを否定しているのではない。しかし、そこにはもっと赤城らしいやり方があるはずだ。大手がやっている仕組みをそのまま持ち込もうとする発想やマインドを〝大企業病〟と専務は指摘したのである。その根底には「異端たれ」の思想が流れている。

大企業には規模や経営資源という面での相対的な優位性がある。その一方で、組織は硬直的になりがちで、常識に縛られ、その常識を超えることができない。官僚的な風土が蔓延し、管理一辺倒になりがちだ。

赤城乳業にとって、大手企業はお手本でもあるが、反面教師でもある。「異端」で

あり続けることは、けっして容易なことではない。

俊敏さこそ「異端」の証

赤城乳業と大手企業との最大の違いは、そのスピード感にある。赤城乳業では日常的な意思決定であれば、通常2段階くらいの承認で物事が決定する。判子《はんこ》がいくつも必要な大企業とは雲泥《うんでい》の差である。

開発部長の榎本は取引先から指摘された言葉を反芻する。

「大手は〝持ち帰ります〟が多いが、赤城乳業は即決できる。〝反応速いね!〟と驚かれる」

現代のビジネスにおいて、スピードは最大の武器のひとつだ。営業やマーケティングの分野で活躍してきた萩原も、その俊敏さを武器に戦っているという。

「営業を統括している専務に相談すると、その場で社長に電話し、了解を取り付けてくれた。すぐに取引先に電話すると、先方はあまりの速さに驚いていた」

「異端」とはけっして商品や販促だけのことではない。企業体質こそが「異端」でなければならない。

「体格」ではなく、「体質」で戦う赤城乳業にとって、俊敏さこそ「異端」の証であり、大きな優位性の源泉なのである。

やっちゃいけないこと、大好き

そうした「異端」の発想は、戦略面だけでなく、日常的な戦術面でも遺憾なく発揮されている。

ギャラクシー賞を受賞した「ＢＬＡＣＫ」のテレビＣＭは、その「ゆる〜いキャラクター」が人気となった。その企画内容について、ニュースリリースにはこう書かれている。

「新発売でもありませんので、控えめで、肩の力が抜けたＴＶ—ＣＭをと考えました」

この脱力感は大手には真似ができない。萩原は社長の井上をこう評する。

「うちの社長はやっちゃいけないこと、大好きなんです」

普通の大手企業なら、「BLACK」のCMはその企画段階でボツになっている可能性が高い。「ふざけるな！」「まじめにやれ！」と一喝されて、おしまいである。

しかし、赤城乳業ではこうした企画が平気で通る。逆に、常識的で、インパクトのないものは「うちらしくない！」と怒鳴られ、却下される。

「やっちゃいけないこと」をあえてやる。「あそび心」があるからこそ、できる選択である。「異端」は奥が深い。

♪BGM
たべたこと

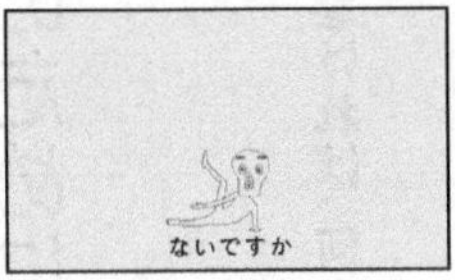

ないですか

ガリガリ君の会社の

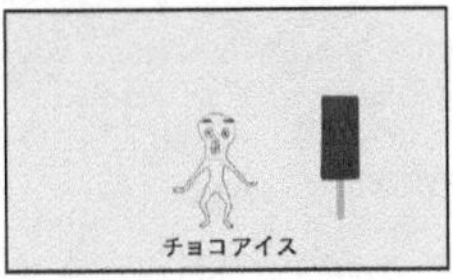

チョコアイス

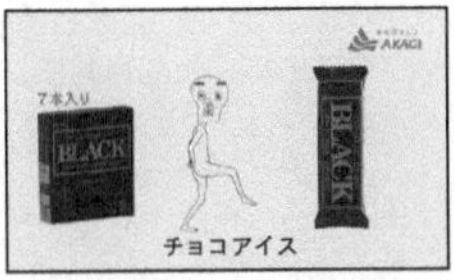

NA
「チョコアイスバー ブラック」
買ってね！

放送批評懇談会のギャラクシー賞を受賞した「BLACK」のテレビCM

2 自分のために働け

仕事が楽しくなければ、何も始まらない

本書の取材で若手社員たちに話を聞くと、入社した際の社長の講話の言葉を全員が覚えていた。そして、それを今でも心に刻んでいる。

「会社のために働くな。自分のために働け」

緊張と高揚が波のように押し寄せ、一組織人として「会社のために頑張ろう！」と思っている入社式の場で、社長が「会社のため」を否定し、「自分のため」に頑張れと言う。

おそらくその時は、その意味することを正しく理解できていなかったかもしれな

い。しかし、やがて彼らはその本当の意味を身を持って体験し、心の底から理解する。

赤城乳業の社員たちは、本当にこの会社のことが好きだ。帰属意識はとても高い。しかし、それは滅私奉公的なものではない。

「会社のため」を考える前に、「自分のため」をまず考える。自分を知り、自分を好きになり、目の前の仕事を好きになる。それができれば、そうした「場」を与えてくれている会社という組織にも愛着が湧くはずである。

「自分のために働け」とは、「あそび心」を持って「仕事を楽しめ」というメッセージである。仕事が楽しければ、自ずと「会社のため」になる。

開発部長の榎本は部下たちの仕事ぶりを見て、こう言う。

「時間を忘れるほど夢中になって、ギリギリまでやっている。やらされ感でできることではない」

仕事が好き、仲間が好き、だからその会社のことを好きになる。井上は「その順番を間違えるな」と伝え続けている。

ゆるいけど、ぬるくない

赤城乳業は仕事を「任せる」会社である。第1章で紹介した若手社員たちのように、仕事を任されることによって士気が高まり、前のめりになっている。

「放置プレイ」という言葉に見られるように、仕事の進め方についても縛りは少なく、ある意味ではとても「ゆるい」。部下に対する信頼感と寛容さが、適度な「ゆるさ」をもたらしている。

しかし、「ゆるさ」はけっして「甘さ」ではない。挑戦や失敗には寛容だが、手抜きや物真似は許さない。ゆるいけれど、ぬるくないのが赤城流である。

萩原は主任時代に社長の井上から怒鳴られたことを今でも覚えている。

「ある商品のデザインで、文字が小さいとの指摘を受けた。それをしばらく直さずにいたら、『なぜ直さないんだ。こんなぬるい仕事をやっているのなら、お前らには任せない』と活《かつ》を入れられた」

怒鳴ることなど滅多にない井上からの雷《かみなり》だっただけに、萩原には堪《こた》えた。「あそび心」とは真剣に仕事に取り組むからこそ生まれるものだ。「ゆるい」からこそ真剣勝負なのだ。

連帯感・成長感・貢献感

井上は社員のモチベーションを高めるために必要なのは、次の3つを感じさせることだと思っている。

・連帯感：結束を高め、つながっていると感じることができれば、やる気は高まる
・成長感：自らの成長を肌で実感すれば、さらなる挑戦意欲が湧いてくる
・貢献感：人の役に立っていることが認識できれば、人は努力を続けられる

人の成長ステージによって、3つの要素の濃淡は変わってくるかもしれない。し

かし、人がやる気になり、継続的にイキイキと働く際に必要な要素は普遍的だ。「場」の設営、「仕組み」の構築など、赤城乳業が展開しているさまざまな施策は、すべてこの3つにつながっている。

3 よほどバカじゃないと決断できない

未来への責任

Ｖ６の達成は、本庄工場の建設なしには成し遂げられなかった。いくら商品開発や販促が功を奏しても、肝心の供給が伴わなければ、売上に結びつけることはできない。その意味では、２０１０年に竣工した本庄工場が赤城乳業の成長をドライブさせているのは間違いない。

しかし、売上高が２４０億円あまりの時に、１００億円を超える投資を決断するのは、凡人ではできない。ましてや、リーマン・ショック直後であれば、および腰になって当然である。ギャンブルとリスクテイキングの境界線は、実に曖昧《あいまい》だ。

製造業を営む多くの経営者は、市場が縮む日本国内での新工場建設や設備投資に逡巡する。攻める姿勢は鳴りをひそめている。

社長の井上がこの英断を下せたのは、常に「未来を考えている」からに他ならない。経営者と一般社員の最大の違いは、この「時間軸」の相違にある。

先を見る、先を読むことが経営者の最大の仕事だ。設立50周年を祝う式典の挨拶で、井上は「未来への責任」という言葉を使った。

井上への取材の際、こう教えてくれた。

「明日伸びるために、今何が必要かを考えている」

井上の頭の中には、「深谷工場のキャパだけでは限界がある」という問題意識が常にあった。やがて供給がボトルネックになることは見えていた。

しかし、気候など自分たちではコントロールできない要素に大きな影響を受けるアイスクリームのビジネスで、過剰設備は自分たちの首を絞めかねない。できれば、誰もが先送りしたい決断である。

その難しい意思決定をドライブするのは、間違いなく「未来への責任」である。未来を見据える経営者に、人はついていくのである。

経営者の「器」

井上の英断の裏に潜むもうひとつの要素は、人に対する「やさしさ」である。先送りせず、自分でリスクを背負うからこそ、人は畏敬《いけい》を感じる。

「こんなリスクの伴う重大な決断を、後継ぐ者たちに残すわけにはいかない」

理詰めの意思決定であれば、誰でもできる。そんなところに経営者の価値はない。先の読めない難しい意思決定だからこそ、経営者自らがあえて「バカ」になり切り、リスクや責任を背負って、決断する。経営者の「器」の大きさはこういうところに見え隠れする。

さまざまな経験を積んできた井上だからこその「直観」がなければ、こんな決断はできない。そして、その経営者の〝生き様〟を、井上は後継ぐ者たちに残そうとしている。

4 社長は社員の七光り

社長と社員の距離

井上は年に2回、全国の支店を巡回する。その最大の目的は、社員たちとの食事会である。支店長をはじめ5～6名の社員たちと膝《ひざ》と膝を突き合わせ、あれこれ話をする。仕事の話はほとんどしない。もっぱらプライベートな話題が中心だ。

少人数での食事会だから、社員一人ひとりの個性も見えてくる。もちろん、井上の個性も社員たちに伝わる。

工場でも、5～6名のグループごとに社員たちと食事会を行ったこともある。社長にズバズバと本音で話す社員も多いという。各本部の社員旅行に、社長が飛び入り参加したりもする。井上にとって社員旅行は社員と交流し、互いを知る絶好の機会だ。生産本部の社員旅行に参加した時の様子を古市は教えてくれた。

「バス7台、総勢200名で出かけた。夕食の時、社長の席に次々にくる社員たちと酒を酌み交わしていた。夕食会の後は、パートナー社員たちと飲み続け、その後は海外からの研修生たちと交流していた」

だから、井上は社員ほぼ全員の名前を憶えている。社員の家族のことも頭に入れている。食事会の時に、自分の父親の名前を社長から言われ、びっくりした社員もいる。

別の社員は足にちょっとした怪我をした。トイレでたまたま社長と会った時、「お前、足の具合どうだ?」といきなり尋ねられ、驚くとともに感激したという。

井上は経営者である自分と社員たちとの距離が近いことが、この会社の競争力の源泉であることを熟知している。だから、社員たちに近づいていく。近づこうとする努力を欠かさない。

組織には必ず溝ができる。一体感や連帯感は綺麗事ではつくれない。経営者の不断の努力なしには、溝が埋まることはありえない。

社長の門立ち

赤城乳業では毎月1週間の挨拶運動を10年以上続けている。社長の井上自らが、幹部社員や5S委員会メンバーたちとともに早朝6時45分から門立ちし、出勤する社員たちを出迎え、「おはよう」と声をかける。

馴染《なじ》みの社員たちにはちょっとした声掛けも欠かさない。一瞬のふれあいだからこそ、社長の姿勢はダイレクトに社員たちに伝わる。

井上は「社長は社員の七光り」と話す。社員一人ひとりが光り輝くから、会社は繁栄し、社長も光ることができる。社員によほどの自信がなければ、出てくる言葉ではない。

社員の名前を憶える。宴席で社員たちと酒を酌み交わす。自ら門立ちをし、社員たちに声をかける。一見時代遅れと思われるようなことを井上は愚直に続ける。そして、それは社員たちの心に間違いなく届いている。

日本企業が大切にしてきた「家族経営」のよさを、赤城乳業は今でも、そしてこれからもその存立基盤としている。ブレない会社は強い。

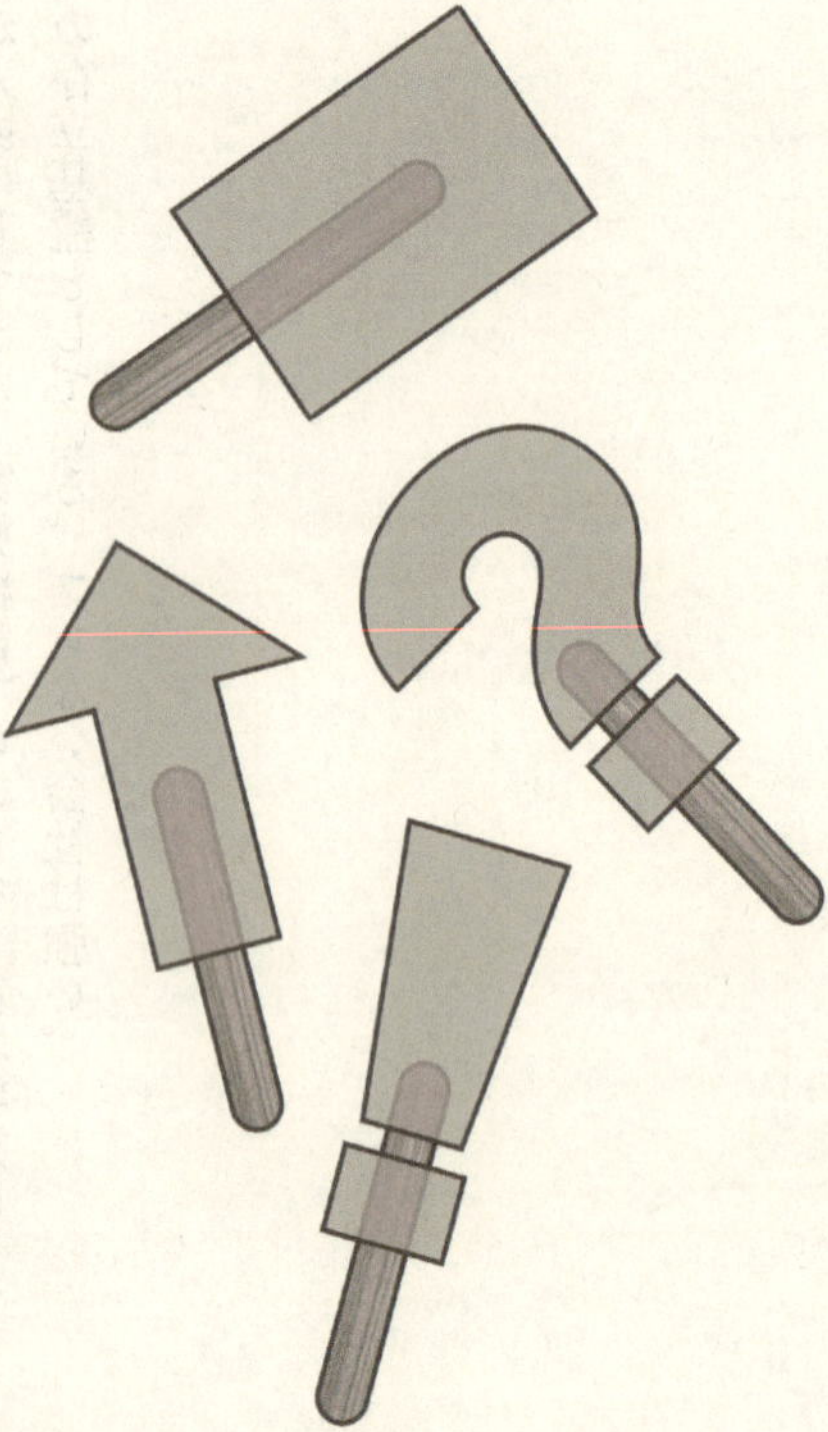

第7章

Chapter 7

躍動する若者たち、再び

1 入社2年目で委員長に大抜擢

僕でいいんですか？

入社2年目の元西優《まさる》は、社長の井上の前で固まっていた。何の前触れもなく、社長室に呼ばれ、いきなりこう〝宣告〟されたからだ。

「お前、来年から5S委員会の委員長だから！」

元西は2005年の入社。大学時代に化学を専攻していた元西は、食品の基礎研究に携わりたくて、赤城乳業に入社した。

開発部に配属された元西は、1年目からいきなり「ガリガリ君」を任された。右も左も分からない中、上司や仲間たちに助けてもらいながら、なんとかレモンや青りんごのフレーバーを出すことができた。

「ガリガリ君」の担当をしながら、5S委員会のメンバーにも選ばれ、委員会活動も行っていた。

「5S」という言葉は、入社して初めて知った。整理・整頓・清掃・清潔・しつけを徹底させる〝風紀委員〟みたいな仕事だと思ったが、社長の肝いりで進めているとても大切な委員会だとすぐに認識した。

そんな委員会の委員長に、入社2年目の元西が指名された。元西は思わずこう漏らした。

「僕でいいんですか?」

元西がこう思うのも無理はない。5S委員会のメンバーは10数名。みんな元西より年長で、社歴も古い。みんなを引っ張っていけるかどうか、確信は持てない。

でも、社長から指名された以上、逃げるわけにはいかない。元西はこう返答した。

「分かりました。頑張ります!」

若いからこそ、新しいことに挑戦できる

委員長に就任した元西は、なぜ社長が自分を委員長に指名したのかを考えた。思い浮かんだ理由はたったひとつ。それは「変化を求めている」だった。

会社に染まっていないフレッシュな視点で5S活動を見直し、活性化させる。若いのだから、怖いもの、失うもの、守るべきものは何もない。思い切って、何でもやってみようと元西は決めた。

ベテラン社員と相談しながら、どうやったら5Sを社内で徹底できるかを議論した。そして、相当思い切ったこともやった。渋る役員たちを説得するのも、委員長である元西の仕事だった。

たとえば、抜き打ちで社内を回り、乱雑になっている机の中を写真に撮り、社内に回覧したりした。名前までは公表しなかったが、写真を見れば誰の机かは分かる。

「そこまでやるの……」と舌打ちされたこともあるが、徹底させるためにはどうしても必要だと思った。入社2年目の委員長に正論を言われたら、誰も反発できない。

5S委員会が中心になって行われている挨拶運動

それ以外にも、5S委員が中心になって、構内の池の掃除や薔薇《ばら》の剪定《せんてい》、挨拶運動の徹底などに汗を流した。しばらくすると、多くの社員が協力してくれるようになった。

元西は素直に嬉しかった。

念願叶って

元西はどうしても赤城乳業に入りたかった。この会社に入るためなら、もし入社試験に落ちても大学院に残ってでも再チャレンジしようと思っていた。

元西の念願は叶《かな》い、今では基礎研究チームの課長補佐としてチームをリードしてい

る。数年後を見据え、新しい物性や新しい食感づくりに携わる一方で、品質問題を開発視点で解決するという目の前の仕事にも忙しい。

さらに、複数の委員会活動にも引き続き従事している。5S委員会の委員長を2年務めた後、今はTQM活動の事務局、SEC（戦略的教育推進委員会）、そして新卒採用の面接官と大車輪の活躍だ。元西はこう言う。

「幅広い経験がしたいと思っていたので、委員会活動は新しいことが次々と目の前に来るので、飽きることがない」

大学院に残ってでも入社したいと思った会社で、元西は自分の可能性を大きく広げている。

2 自分の力で、新たな販路を切り拓く

何が難しいのかも分からない

根本康弘は２００８年の入社。東京農大出身。食に興味があり、赤城乳業に入社した。

配属されたのは、深谷工場の生産技術課。右も左も分からないのに、いきなりスティック商品を担当させられた。

新たに開発された新商品の生産を、製造現場に指示する仕事。商品のことも、製造のことも何も分かっていないのに、いきなり開発と製造をつなぐ大事な仕事を任されてしまった。

製造現場からは、「こんなのできないでしょう……」と突っ返される。今思えば、スティック商品の安定生産は難しい。ナッツを入れたり、チョココーティングをするなど、凝った商品であればあるほど、製造の難易度は高まっていく。でも、当時の根本には何が難しいのか、何ができないのかすら分からない。製造現場に通い、ただひたすらお願いするしかなかった。

血尿が出た！

新商品開発は時間との勝負だ。生産に回ってきた時点で、すでに発売時期は決まり、商品パンフレットにも載っている。「できませんでした」と言うわけにはいかない。

大詰めになると、週末の休みも返上せざるをえなかった。月曜にテスト生産をするためには、ラインが止まっている土日に、専用の機械を設置するなどの準備作業をするしかない。

若い根本も体調を崩した。血尿を出しながらも、這《は》いつくばって週末に出勤したこともある。

トイレで用を足していると、カランという音がして、何かが飛び出た。血尿はストレス性の結石が原因だった。

そして、根本は赤城乳業の製造現場の凄さを認識していく。

「こんなのできるわけないだろうと言いながらも、最後は必ずなんとかしてくれた」

今の自分にできるのは、できる人にお願いして、やってもらうこと。それが自分の責任だと分かった。血尿で得たものは大きかった。

人間関係を構築する

2年目に事業開発部へ異動となった。外食産業などの新たな販路を開拓するのがメインの仕事だ。根本は大手焼肉チェーンや大手牛丼チェーンなどを担当している。

外食産業向けＯＥＭ（Original Equipment Manufacturer＝他社ブランドの製品を

製造すること）ビジネスは、量のまとまるバルクビジネス。小売店向けとはまったく異なる商売だ。商談が決まれば、受注量は大きい。

しかし、ＯＥＭは大手のアイスクリームメーカーが市場を押さえ、赤城乳業の存在感は小さかった。安定感のある競合相手をひっくり返すのは容易なことではない。

根本は人間関係をじっくり構築することに励んだ。外食チェーンのバイヤーを足《あし》繁《しげ》く訪ねた。

当初は、赤城乳業がどんな会社かもバイヤーは知らなかった。「『ガリガリ君』の会社です」というとようやく分かってくれるが、そこから先にはなかなか進まなかった。

それでも、週に最低一度は顔を出す。会ってもらうには理由がいるので、新商品のサンプルや「ガリガリ君」のグッズを持っていったりして、歓心を買うことに努めた。

しかし、それでもなかなか具体的な商談にはつながらなかった。コンタクトを始めて、やがて2年が経とうとしていた。

商品提案からメニュー提案へ

大きなきっかけとなったのは、本庄新工場だった。バイヤーから「家族で工場を見学したいが、予約がとれない。なんとかならないか？」と連絡があったのだ。根本は絶好のチャンスと考え、裏から手を回した。早速、工場見学をアレンジし、自らアテンドした。

新工場を見てもらった効果は、予想以上に大きかった。赤城乳業という会社の考え方を理解してもらうためには、赤城乳業の夢が詰まった新工場を見てもらうのが一番だと再認識した。

しばらく経って、そのバイヤーから連絡があった。ある商品について「提案を持ってきてほしい」という依頼だった。

「来たっ～！」と思わずガッツポーズが出た。そして、それが初受注につながった。

今、根本のところには、アイスというカテゴリーを越え、「デザート全体のメニュ

ー提案が欲しい」という要望が寄せられている。外食チェーンのデザートメニューをより魅力あるものにするために、アイスだけでなく新しいカテゴリーの提案を期待されているのだ。

根本は赤城乳業の新境地を開拓するその最前線で奮闘している。血尿はあれ以来出していない。

3 会社の未来を担う若い力を採用する

なんでこんな人間を上げてきたんだ!

総務部の須藤はるかは２００６年に入社した。開発の菅野や営業の篠原と同期入社だ。大学では国文学を専攻していた。

教育実習を経験した時に、人に関わる仕事がしたいと思い、採用のスタッフを募集していた赤城乳業に入社した。総務部では社会保険や賞与の仕事もしているが、あくまでメインの仕事は採用だ。

「ガリガリ君」で知名度を高めている赤城乳業は、就職人気も年々高まっている。エントリー数は８０００件を超える。その中から、面接に進むのは２００名ほど。そ

して、採用されるのは毎年10名から15名という狭き門だ。

赤城乳業の採用のやり方が大きく変わったのは、2008年にりくなび委員会が発足してからだ。須藤はりくなび委員会の事務局も務めている。

それまでは役員、管理職が中心となって面接を行っていたが、りくなび委員会での議論を受け、若手社員も積極的に採用活動に関わることになった。

今では各本部から選ばれた面接官約20名が一次面接を行い、スクリーニングを行う。そして、二次面接、最終面接へと進んでいく。

ある時、須藤は二次面接を行った部長からこんな指摘をされた。

「なんでこんな人間を上げてきたんだ！」

若手社員の評価とベテラン社員の評価にギャップがあることを、須藤は認識した。

「どんな人間が欲しいのか？」「どんな人が赤城に合うのか？」の認識が少しずつ違う。だからミスマッチが起きている。事務局を務める須藤にとって、これは大問題だった。

須藤は考えた。そして、「役員や部長が〝ダメだ〟と評価した学生のどこがダメだったのかがそもそも分かっていない」ことに気づいた。ギャップがあることは分かったが、そのギャップの原因が何であるか分からなければ、対策は講じられない。

そこで、須藤は「×」を付けた役員や部長に「なぜダメだったのか？」を具体的にフィードバックしてもらい、りくなび委員会で徹底的に揉んだ。評価軸の「擦り合わせ」がいかに重要であるかを、須藤は身を持って体感した。

こうした努力が実を結び、採用プロセスでのミスマッチは減っていった。そして、入社した社員の退職率も確実に減っている。

内定者一人ひとりに手紙を送る

須藤にとってもうひとつの大切な仕事は、内定を出した学生を確保し、入社に導くことである。

赤城乳業では内定通知とは別に、内定者一人ひとりに手紙を出す。どんなところがよくて内定になったのか、どのような期待をしているのかなどを書き記し、入社を促《うなが》す。

これも管理本部長の本多と一緒に須藤が始めたことだ。これで心を動かされる学生も多い。

そして、内定者とは最低2回は会い、フォローアップをする。地方大学在籍者のところにもわざわざ出向き、直接話をする。

優秀な学生であれば、当然他の会社からも内定が出ている。大手食品会社からも内定をもらい、悩む学生も多い。

そうした学生とは「お姉さん」として接し、一緒に悩んであげる。大手を蹴《け》って、赤城に入社する学生もいる。逆に、フォローアップしてみて、「この人は大手に行ったほうがいいな」と感じることもある。会社との相性はとても大事だと最近つくづくと感じる。

だから、手を抜かずに、何度でも直接会って、話す。それが須藤流の仕事のやり方だ。

採用は自分のもの

須藤はりくなびの事務局以外に、ＳＥＣ（戦略的教育推進委員会）やホームページ委員会のメンバーにも名を連ねている。そこでの活動も、すべて採用と絡んでいる。

須藤は赤城乳業は「とても自由度の高い会社」だと実感している。採用のプランニングは、須藤がほぼひとりで行う。上司にはある程度決まってから相談するが、余程のことでない限りひっくり返されることはない。

だからこそ、大きな責任を感じる。「これでいいんだろうか？」と不安になる時もある。

その不安が須藤を「もっと勉強しなくては！」と駆り立てる。他の会社ではどんな工夫をしているのかが知りたくて、他社を訪問し、勉強させてもらうことも続けている。

同じ埼玉県内にあり、人材活用に定評のある「しまむら」を訪ねて、採用についての話を聞かせてもらったこともある。他社訪問は上司から言われたのではなく、自分の意志で行っている。

無論、採用は須藤ひとりで行っているわけではない。りくなび委員会という組織があり、面接官として多くの社員の協力も得ている。みんなの助けがなければ、採用はうまくいかない。

それでも、須藤は「採用は自分のもの」という意識を持って仕事に取り組んでいる。

「赤城乳業という会社の未来を担う人材採用の〝要《かなめ》〟は自分だ」

そんな意識が須藤をドライブさせている。

エピローグ

Epilogue

「アイス」の会社は「愛ス」の会社

奇跡を起こすアイス

2013年2月、赤城乳業に1通の手紙が届いた。手紙を出したのは埼玉県鴻巣《こうのす》市にある特別養護老人ホーム「吹上苑」で統括リーダーをされている小林悦子さん。それは「『ガリガリ君』を施設の利用者に食べさせたところ、アイスの効果で利用者が元気になった」というお礼を伝える手紙だった。地元の新聞でも取り上げられ、話題となった。

吹上苑の利用者は約100人。その平均年齢は90歳と高齢の方ばかりだ。終末期を迎え、食事が摂れない利用者も少なくない。

口から食べ物の摂取が難しくなると、口の中が乾燥してしまう。それを防ぐために、吹上苑では保湿ジェルを塗ったり、氷を口に含《ふく》んでもらったりする工夫をしていたが、小林さんが偶然コンビニで見つけた「ガリガリ君」を提供したところ、大きな変化が起こったという。小林さんは手紙にこう書いている。

「たまたま『ガリガリ君』を細かく砕《くだ》いてあげたところ、食べが良く、それがきっかけで少しずつ経口摂取が増え、終末期を回避した方や一時的に回復した方がおりました」

それまでにもバニラアイスなどを提供したこともあったが、「ガリガリ君」の方が食べやすいのか、「ここまで食べてもらえるとは！」と小林さんが驚くほどの変化を示す人もいたという。

手紙には、106歳のおばあちゃんが「ガリガリ君」を食べたエピソードが書かれていた。

「水分もほとんど摂れず、看取りまであと数日と思われた時、家族が『ガリガリ君』を時間をかけてあげたところ、3分の2本食べたのです。しかも、そのアイスが当たり棒でした。この方は苑で最高年齢の方で、ここまで長生きできたことだけでも奇跡的なことなのに、この状況で当たりを引いたという奇跡を起こしたのです。家族も職員もとても驚きました。残念ながら数日後亡くなられましたが、とても穏やかないいお顔をされていました」

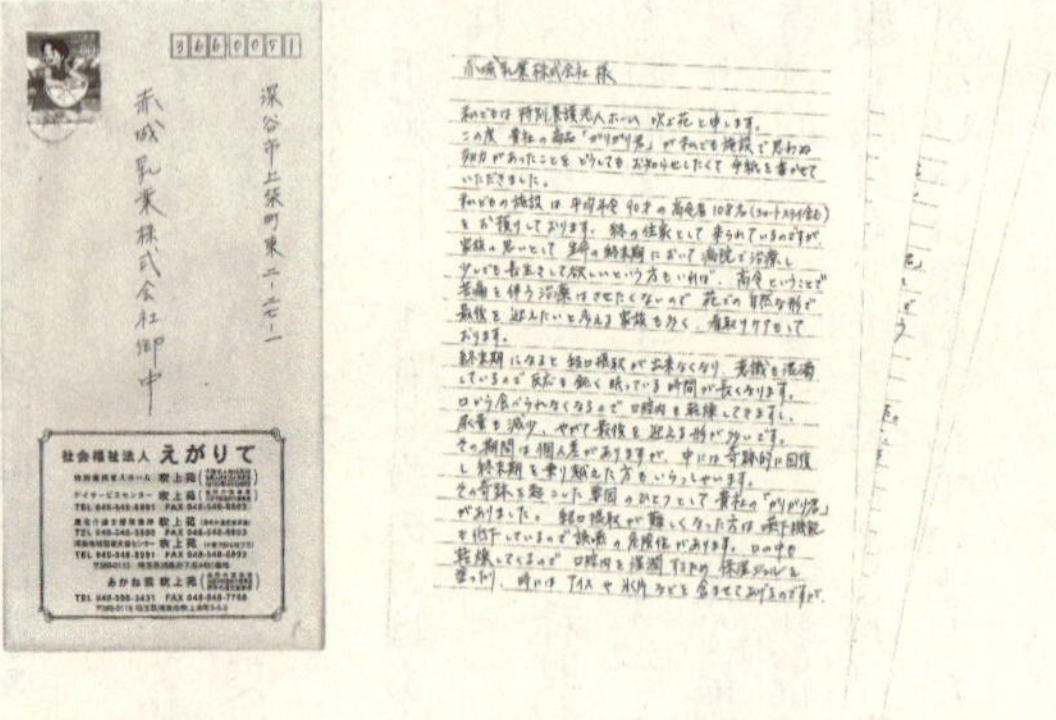

赤城乳業株式会社御中

赤城乳業株式会社 様

私どもは特別養護老人ホーム 吹上苑と申します。

この度 貴社の商品「ガリガリ君」が私ども施設で思わぬ効力があったことをどうしてもお知らせしたくて手紙を書かせていただきました。

私どもの施設は平均年令90才の高齢者108名（ショートステイ含む）をお預りしております。終の住家として来られているのですが、家族の思いとして生命の終末期において病院で治療し少しでも長生きして欲しいという方もいれば、高令ということで苦痛を伴う治療はさせたくないので苑での自然な形で最後を迎えたいと考える家族も多く、看取りケアをしております。

終末期になると経口摂取が出来なくなり、意識も混濁しているので反応も鈍く眠っている時間が長くなります。

口から食べられなくなるので口腔内も乾燥してきますし、尿量も減少、やがて最後を迎える形が多いです。

その期間は個人差がありますが、中には奇跡的に回復し終末期を乗り越えた方もいらっしゃいます。

その奇跡を起こした要因のひとつとして貴社の「ガリガリ君」がありました。経口摂取が難しくなった方は嚥下機能も低下しているので誤嚥の危険性があります。口の中も乾燥してくるので口腔内を保湿するための保湿ジェルを塗ったり、時にはアイスや氷片などを含ませてあげるのですが、

赤城乳業に届いた「吹上苑」スタッフ・小林悦子さんからの感謝の手紙

小林さんは「ガリガリ君」は冬場でもコンビニなどに置かれていて手に入りやすく、新商品の種類も多いのでとても重宝していると手紙に記している。

「ガリガリ君」は子どもたちだけに愛されているアイスではない。年齢や世代を超え、みんなに愛されている〝奇跡を起こすアイス〟なのだ。

ゆるくて、やわらかくて、あったかい

「ガリガリ君」という〝奇跡を起こすアイス〟をつくっている会社は、世の中の多くの会社とは明らかに異なる。管理一辺倒の、息苦し

くて、ガチガチな会社ばかりが増える中で、元気になるヒントが詰まった会社だ。

赤城乳業はとてもおおらかな、「ゆるい」会社だ。型にはめたり、押し付けたりすることが大嫌いだ。

だから、社員の自由度が高い。これが社員たちがノビノビ、イキイキしている最大の要因だ。

しかし、ゆるいからといって、ぬるいわけではない。ゆるいからこそ、社員たちは責任感を持ち、自主的に動く。

日本企業の強さの本質はそこにある。日本らしい創造は、この現場の自由度から生まれる。赤城乳業の現場から創造性溢れる商品や販促策、改善提案が続々と誕生する理由は、この自由度の高さにある。

また、赤城乳業はとても「やわらかい」。世の中の常識や業界の常識をさりげなく否定して、新機軸を打ち出すのが得意だ。

頭が錆《さび》ついている会社が多い中で、常にフレッシュだ。「異端」の発想や「あそび心」が社員に染みついているからこそ、竹のようなしなやかさを持っている。

そして、この会社はとても「あったかい」。失敗に対してとても寛容であり、失敗そのものも楽しんでしまう度量の大きさを持っている。冷凍技術は一流だが、実はあたためて「溶かす」のも得意だ。

赤城乳業という会社は、一見、粗削りに見えるが、実は緻密で、繊細だ。〝奇跡を起こすアイス〟は偶然生まれたのではない。「ゆるくて、やわらかくて、あったかい」会社だからこそ、生まれるべくして生まれたのである。

「異端」だけど、「まっとう」な会社

そして、その根っこにあるのは、井上社長をはじめとする経営陣、管理職たちの社員に対する愛情である。社員一人ひとりの可能性を信じ、それを引き出そうとする経営の努力、工夫がなければ、〝奇跡を起こすアイス〟は絶対に生まれてこない。

赤城乳業はなぜ若手社員を抜擢し、大きな仕事を任せるのか？

その理由は明快だ。彼らこそが会社の未来、そして日本の未来を創るからだ。未

来を背負う若手社員たちを活かせず、くすぶらせるような会社に未来はない。

井上社長は赤城乳業の経営を「異端」と呼ぶ。確かに、商品戦略や販促戦略では「異端」を貫いている。

しかし、私には赤城乳業の経営はとても「まっとう」に思える。今の日本に歪《ゆが》んでしまった経営が多い中で、赤城乳業という会社は「まっとう」であり続けようとして、あえて「異端」の道を選んでいる。

社員のメンタルヘルスやパワハラなど、病んでいる職場や現場が増殖している。赤城乳業にそうした例がないわけではないが、その比率は他の日本企業と比べれば圧倒的に少ない。当然、離職率も低い。

その最大の理由は、人と人とが真正面から向き合い、本音でぶつかっているからだ。仕事を愛し、商品を愛し、仲間たちを愛しているからこそ、「言える化」は実現する。

そして、「愛情」という隠し味が加わってこそ、思わず笑みがこぼれるすてきなアイスは誕生する。

躍進を続ける「アイス」の会社は、「愛ス」の会社なのである。

本書の執筆にあたっては、赤城乳業の全面的なご支援をいただいた。赤城乳業の本を世に出したいという私のわがままを聞き入れていただき、本書の執筆、取材をお許しいただいた井上秀樹社長には感謝の言葉もない。本当にありがとうございました。

窓口となっていただいた本多定夫常務取締役管理本部長、本田文彦執行役員総務部長、須藤はるかさん、そして業務多忙の中、取材のお時間をいただき、本書のために「言える化」を実践していただいた役員、社員の皆さんに心よりお礼を申し上げたい。

「ガリガリ君プロダクション」のデザイナー・高橋俊之さん、プロデューサー・楠原美夏さんには単行本『言える化』のデザインを快く引き受けていただいた。「あそび心」満載の素敵なデザインですごいエネルギーを与えてくれた。

そして、本書執筆の企画をいただき、取材にも同行いただいた潮出版社の北川達也さんにも感謝を申し上げたい。月刊『潮』の記事（2013年4月号）がもとになって、この本を出版することができた。

また、いつものことながら、執筆時間を捻出するための工夫をしてくれ、本書の図表作成やデザインにも関わってくれた秘書の山下裕子さんにもお礼を申し上げたい。

私の自宅の冷蔵庫にはお気に入りの「濃厚旨ミルク」をはじめ、たくさんの赤城乳業のアイスが詰まっている。

さあ、長い道のりだった執筆も終わりだ。どのアイスを食べようかな？

2013年9月

遠藤功

ARI!

赤城乳業・井上秀樹社長（ガリガリ君右隣）と「言える化」を実践する社員の皆さん

巻末対談

「その後」の赤城乳業――井上創太社長に聞く

本書は2013年10月に刊行した『言える化――「ガリガリ君」の赤城乳業が躍進する秘密』を文庫化したものである。刊行から丸5年以上が経過したが、同社はその後も増収を続け、2018年で「V12（12期連続増収）」を達成した。その間にも、社長が井上秀樹氏から井上創太氏へと交代し、海外展開も開始するなど、新たな動きが生まれている。

会社の規模としてはもはや「強小」とは言いづらいレベルにまで成長した赤城乳業。これからどのような展開を考えているのか、自由闊達な企業風土に変化はないのか。改めて現社長にインタビューを行った。

まずは、前社長の流れを引き継いだ3年間

遠藤　2016年に社長に就任されてから、3年が経ちました。実際に経営のかじ取りを担ってみて、いかがですか。

井上　会社がいい流れのときに父がバトンを渡してくれたので、この流れを止めないことを第一に考えてきました。自分の色を無理に出そうとするのではなくて、どちらかというと父のカラーをうまく引き継いでいくことに腐心しています。会長が育ててくれた優秀な参謀たちに支えられて、アドバイスを受けながら、何とか流れは止めずにやってこれたかなと思っています。

遠藤　2013年の『言える化』刊行後も業績を伸ばし続け、「V12」を達成しています。いい流れを引き継ぎつつ、自分の色を出したいときもあるのではないですか。

井上　自分自身、特筆すべき実績を残したわけではないと考えているので、そういう欲求はあまり強くはないですね。私は会議が大嫌いなので会議を減らしたり、時間を短くしたりといったことはしています。一方で会長は会議好きなので、そこは結構もめましたが、意

見が合わなかったのはそのくらいです。

遠藤　会長のお考えの根底には、「社員が主役」ということがあると思います。社員がのびのびと働きやすい環境をどうやって維持するかについて、これまでもいろいろ工夫されてきていますね。

井上　そうですね。「社長は社員の七光りだ」、「我々井上家はおこぼれをもらえばいい」という2つの言葉は、会長が私に残してくれたものです。私たちはおこぼれをもらう立場であって、社員にいかに還元できるかが大事なんだということを言われてきました。そこは私も深く賛同しています。

遠藤　日本の経営を見ると、以前はそうした大家族主義的な会社が多かったように思います。しかし最近は、強いリーダーによるトップダウンがもてはやされているようです。それはそれでひとつの経営のあり方なのかもしれませんが、だんだんと日本的な良さみたいなものが消えている気がします。そんな中で「社員の人たちを前面に出す」という赤城乳業のカラーについてはどのように認識されていますか。

井上　ますます重要になっていると思っています。私はどちらかというと、みんなが本当に困ったときに判断する、こうしようと決めるというような、そんな社長でいいのかなと思っています。

「あそびましょ。」「異端たれ」は決して変えない

遠藤　いま井上社長は46歳。自分のカラーをどんどん出したい頃かと思います。それでもまずは会長のこれまでの考え方などをしっかりと引き継いでいこうとされているのですね。

井上　そうですね。私が赤城乳業に入社した2004年と比べると、売上は倍以上になっています。その一方で、売上が増えても、あまり会社の体質は変わっていません。これから私が取り組むのは、400億円企業として持続できる骨組みづくりです。経営者としては攻めていかなきゃいけない一方で、そうした組織づくりをこれから、本気で考えていく必要があります。

遠藤　さらなる成長のための組織づくりということですね。これまではあまり流れを変える必要はなかったし、変えては良くなかったのでしょう。しかし、これから先はV12の延長線上でいけるかというと、難しい面も出てくる。何か新しいものを加えたり、何かを変えたりということも必要になってくるということですね。

井上　そうです。業界も同じように7年連続で伸びているから、V12を達成できたという側面もあったと思います。ただ、この5年間を見れば、「ガリガリ君」は成長していません。売上が落ちているわけではありませんが、増収は「ガリガリ君」以外の事業が伸びたことによって達成した面があります。PB商品などが増え、コンビニ比率も高まっています。「ガリガリ君」以外にも、周りの環境に左右されない、何かしっかりした軸がもう2つか3つ欲しいなと考えています。

遠藤　その中で、例えばソフトクリームの「頭」だけを商品化した「ソフ」のような新たな挑戦も行っています。しかも、非常にユニークなCMで、話題性も高かったですよね。こうした商品面や販促面での「赤城らしさ」については、どうお感じですか。

井上　販促でいうと、やはりこれまでの路線を踏襲しています。CMに関しては、商品そのものを訴えるよりも、おもしろさや話題性を追求する。CMの視聴率もいまは以前ほど高くないのだから、単純に商品を訴えても効果は限定的です。視聴者からの苦情なども恐れず、振り切ったCMにしようと考えています。

遠藤　赤城らしくて、おもしろいですね。しかし、以前に比べると世間の目は厳しくなっています。そうした反応に対してはこれまで以上に気を遣わなくてはいけないのですが、気を遣い過ぎると「異端たれ」はやりづらくなる。折り合いは難しいですね。

井上　そうですね。「強小カンパニー」の「強小」については、後でお話するように少し変えていかなければならないと感じていますが、しかし、「あそびましょ。」と「異端の精神」だけはこれからもぶれずにやっていきたいと思っています。

新しい「ラボ」、新しい「働き方」

遠藤　「ガリガリ君」も成長を続けて、今や年間4億本超と、国民的なアイスキャンディになりました。それでも、まだまだ伸びる余地はあるとお考えですか。

井上　まだいけると思っています。5億本という数字を見据えています。4億9000万本がこれまでのピークで、現在は伸び悩んでいますが、そのときからファンの数が減ってはいないので、まだまだやるべきことはあると思っています。

大きな話題になったコーンポタージュ味（通称「コンポタ」）を2012年に発売して、もう7年になります。あのような仕掛けを次いつやるか、というのを考えているところです。「コンポタ」を復活させる、まったく違う斬新なものを出すなど色々とアイデアを練っています。

遠藤　「ガリガリ君」は、刺激を与えないと消えてしまうような商品ではありません。しかし、「定番化」はある意味で一番怖い。そうした中で、5億本突破に向けて「ガリガリ君」にもう一度火をつけていくというのは、新しいチャレンジですね。

更なる成長を実現するためのひとつの牙城として、AKAGI R&D FUTURE LABOを2018年4月にオープンさせました。その意図、狙いを教えてください。

井上　赤城乳業は年間およそ170アイテムの新商品を出しています。以前のラボは1976年につくったものです。会社の年商が50億円ぐらいのときにつくったもので、今や400億円を超える売上をサポートしていたわけです。ですから、赤城乳業の「あそびましょ。」の原点を担うラボを何としてもリニューアルしたい、より広く、最新鋭のものにしたいという思いがありました。

遠藤　以前のラボも、下町工場の雰囲気があって私は好きでしたが、でもさすがに400億円の売上になった会社にふさわしいものが欲しかったということですね。深谷市内の創業の地に近いところに新しいラボをつくるというのは、原点回帰のような意味もあったのですか。

井上　場所については偶然です。1階がラボになっていますが、まずはそこをしっかりと固めました。3階のオフィススペースは、商品開発の社員たちがアイデアを生み出しやすい空間にすることにこだわりました。私はレイアウトには一切口を出さず、30代の現場の社員たちが議論してつくりあげました。「私にはデスクだけくれればいいよ」と伝えて、あとはすべて任せました。

遠藤　新しいラボの誕生で、社員たちの働き方は変わりましたか。

井上　変わってくれたと思います。これからもまだまだ改善していきたいと思っています。たとえばBGMを流してみてはどうか、カジュアルデーを導入してはどうかなど色々な意見も出てきています。とにかく自由に意見を言ってもらって、仕事に直結する改善を、できるところからやっているところです。

遠藤　素晴らしい「箱」は完成したので、これからは運営も含めてソフト面を進化させていくということですね。

「秘密基地」は、赤城の原点

遠藤 本書の冒頭に登場する、あの「秘密基地」はまだ残っているんですか。

井上 まだありますが、一部の壁が傷んでいたり、さすがに少し危ないところもあります。このため、本書が刊行するころに移転することが決まりました。場所柄、あそこは営業がよく使っていました。私が「駅近のビルを借りたらどうか」と話をしており、営業も移りたいと言っていたのですが、いざ「秘密基地」がなくなるとなると結構寂しいようで、なかなか移転が決まりませんでした。赤城らしさ、シンボルのひとつでもありますし。営業も出先から直帰せずに、わざわざあそこに立ち寄ったりするんです。やはり、何か愛着があるんでしょうね。

遠藤 最初に訪問したときはびっくりしました。まさか、こんなところにオフィスがあるはずがないだろうと思って行ってみたら、あるんですよ。大手コンビニの担当者とかが来て、なにやら打ち合わせをしている。そして、そこからユニークなヒット商品が生まれたりしている。大人の遊び心みたいなのが詰まっているんですね、あそこに。実におもしろい。

井上　移転することは決まったのですが、とりあえずそのまま残すとは思います。わが社にとって原点の場所でもありますからね。

遠藤　（以前の基幹工場だった）深谷工場も古い、老朽化だとかと言っておきながら、皆さん結構愛着があったりするんですよね。

井上　そうですね。思い入れは強いですね。

「強小カンパニー」からの進化

遠藤　近年は西日本でも売上が順調に伸びています。

井上　はい、売上は伸びていますが、輸送のためのトラックや倉庫が不足している状況です。そうなると、関東から全国に配るのではなく、西日本にも工場をつくってはどうかといった議論も始めています。

遠藤　売上が伸び、全国区の会社になると、もはや「強小」ではなくなりつつある。「あそびましょ。」と「異端たれ」の精神は残すけれども、「強小」という言葉はなじまなくなりますね。

井上　最近では、「そもそも小さくないだろう」とよく言われます。でも、「強小カンパニー」の良さは残したい。たとえば、わが社には「屋根の上に屋根はつくらない」という言葉があります。だから、管理部門などはできるだけ小さく、軽くする。そうした考え方が、わが社の組織のベースになっています。

その一方、「強小」ということは、1人の人間がより多くの仕事をこなすことを強める面もある。つまり、残業で成り立っているということになるんです。これだけ働き方改革が話題になるいま、その点は改善しなくてはならないと思っています。ただこれからも強くはありたいと考えているので、これからは「強くて豊かな会社」を目指したいと思っています。

遠藤　たとえば総務部の人員は9人で、人事の仕事もこなしている。400億円規模の会社の総務・人事をこれだけの人数で回せるというのは驚異的です。ほかの会社と比べると、驚くべき生産性の高さですが、一方で、経営者としてはちょっと社員に無理をさせているんじゃないかという思いがあるわけですね。

井上　そうですね。縦割りではなく、仕事がクロスしているというのは、ある意味とても良いところだと思います。ただ、それで残業が増えるのもよくないので、少し仕事を整理して明確化していかなければいけないな、というジレンマを感じています。

遠藤　とはいえ、普通の大組織にはなりたくない。

井上　そうですね。だから、仕事そのものを改革しなければいけないと思っています。他社にはない、みんなで商品を開発するような働き方、無駄なくストレスなく成果を上げられるような方法を考えています。あくまでも理想で、現実では思うようにできていないのですが、そうした新しい働き方を実現しないと、若くて優秀な社員も集まらない。会社がいかに変われるかが大切だと思っています。

遠藤　これまでの赤城乳業のすごいところは、他の大企業では絶対に真似のできないマルチタスク、マルチファンクションというのを、社員が当たり前のようにやっているところにあると感じています。困っている人がいれば助けるのは当たり前、一緒にやるのが大切、という雰囲気がある。そこは他の会社にはない柔軟性や一体感があるということなのですが、とはいえ、このままでは社員の負担が大きい、ということですね。

井上　そうした昔からの文化は少し薄まるかもしれないな、とは感じています。そういう雰囲気が好きな人もいれば嫌いな人もいる。できれば両方の要望をかなえられるようにしていきたいと思っています。

遠藤　何を残して、何を変えるのかが難しいですね。世の中の普通に合わせると、普通の会社になってしまいます。

井上　私もそういう会社にはしたくないと思っています。だから、ベースは変えずにいく、ということになると思っています。

閉鎖的な売り場に「風穴」をあける

遠藤　最近の大きな取り組みの一つが、海外展開だと思います。海外に対する思いを伺えますか。

井上　２０１６年の10月に、タイに海外子会社のＡＩＡＰ（AKAGI ICE ASIA PACIFIC CO., LTD）を立ち上げました。まだまだ発展途上ですけれど、最初の2年間で売上は伸びているので、まずは手応えがあったと感じています。今後も東南アジアでのチャレンジを続けていきたいと思っており、バンコクからＡＳＥＡＮ諸国に広げていくつもりです。「都市」をベースとした展開、つまり「点」の作戦で大都市から攻めていこうと考えています。

ゆくゆくは最も人口が増えているジャカルタからインドに出るというのが目標です。まずはバンコク中心にプノンペン、ホーチミン、ヤンゴン。そしてマニラからジャカルタに行って、ダッカを経由してインドに行ければいいかな、と考えています。

遠藤　なるほど。壮大な計画ですね。

井上　とりあえず私が生きている間に、インドぐらいまでは行きたいと思っています。

遠藤　「ガリガリ君」というブランドで、ある意味ではアイスキャンデーという日本発の文化を輸出していこうということですね。

井上　そうです。タイやバンコクでは、ウォールズ・アイスクリームというユニリーバ系のメーカーが非常に強い。いろいろなコンビニで、独占契約を結んでいます。メーカーが店頭にショーケースを設置して、ウォールズがどんどん商品を入れていきます。アイスクリームの独占契約ということだったので、『ガリガリ君』はアイスクリームじゃない、アイスキャンディだ」と言って、なんとか通しました。それでコンビニの売り場に並べることができたんです。

今ではタイのセブン－イレブンなどは独占契約をやめて、自分たちでショーケースを置き、いろいろなメーカーの商品を販売するようになっています。そのような仕組みにしてから、実際に売上が200％以上伸びたと喜ばれました。そういう意味では、閉鎖的だった売り場に風穴をあけられて、よかったと思っています。

海を越える「ガリガリ君」

遠藤　現在はバンコクのセブンイレブンで展開しているんですか。

井上　ローソンでも販売しています。人口の多い、バンコクとその周りの6県にある約4000店舗に配達可能な状態になっています。でも、まだまだ知名度が低いので、これからが勝負です。日本で「ガリガリ君」が伸びたときは、無料サンプリングが有効でした。タイでも、大学などいろいろな場所で、無料サンプリングを毎週のようにやっています。最初のころは、みんなよくわからずにもらっていたのですが、最近は、「これ知っている」とか「食べたことある」という人が増えてきました。

遠藤　味は日本と同じなのですか。

井上　向こうでは日本の原料で使えないものがあります。たとえば、天然着色料を使えないので、合成着色料を使用しています。だから、ソーダ味は昔の「ガリガリ君」のようにとてもきれいな青です。タイには日本人が10万人以上住んでいるのですが、昔の「ガリガリ君」ソーダ味を食べて舌が青くなったというクレームもありました。今の人は、そういう時代を知らないんですね。

遠藤 おもしろいですね。製造は日本で行っているのですか。

井上 タイにOEM先がありますので、そこで作っています。日本で培った「ガリガリ君」のブランドやノウハウを、あまりお金をかけずにそのまま出しています。

遠藤 まさに「海を越えるガリガリ君」ですね。無料サンプリングのようなマーケティング手法も含めて輸出しているわけですね。

井上 いま、「ガリガリ君」の歌をタイ語にして、ポカスカジャンに歌ってもらっています。

遠藤 ほんとうですか。CMか何かを流しているんですか。

井上 いえ、ステージで歌うんです。演奏中、聴衆に「ガリガリ君」を配ります。ポカスカジャンもタイが好きなので、年に2回ぐらい行ってくれています。

遠藤 海外展開について若い社員たちはどう受け止めていますか。

井上 赤城乳業はこれからも成長していくんだよ、という合図でもあります。日本国内は人口が減っていくので、その中で戦っていくということだけでは夢がありません。海外に展開するぞというのは、経営者としての壮大なメッセージかなと思っています。最初の5年ぐらいは赤字を覚悟しています。多くの人から5年くらいは黒字にならないと言われてきていますので。

遠藤　逆に言うと、そのぐらい腰を据えてやっていくということですね。向こうの味の好みに合わせたりしているのですか。

井上　結局そういうローカライズをしていく必要があると思います。たとえば日本では抹茶がおいしいと言われていても、それをタイに持っていってもなかなか売れない。やはり多くの人に買ってもらうには、ローカライズしないと売れません。

遠藤　パクチーを入れたり、レモンツリーの味がするとか、そういうことですか。

井上　ところが、逆にそういうのが売れないんです。タイに当たり前にあるものではなくて、例えばモモとかブドウなどが人気あります。タイでは高価でなかなか食べられないものなので。逆に、パイナップルやマンゴーはだめでした。

遠藤　それはおもしろいですね。

井上　そういった意味で、ローカライズしながらも、現地ではなかなか食べられない味を試してみるなど、まだまだ研究の余地はあります。

工場見学を「経験価値」提供の場に

遠藤 2010年に本庄工場が操業を開始し、8年以上が経ちました。大量生産が可能になり、工場そのものがショールームの役割も果たしているのですが、これから本庄工場の役割をどう位置づけていくつもりでしょうか。

井上 工場は昨年フルラインとなり、100％完成しました。これ以上大きな設備投資はありません。おかげさまで工場見学には非常に多くのみなさまにお越しいただいていて、これからもいろいろとブラッシュアップしたいと考えています。まずは、見学に来られるお客さまの年齢や居住地域を知りたいと思っています。たとえば20代、30代の女性が弱いとか、地域でいうと埼玉・群馬が圧倒的に多くて、東京や横浜といった近隣以外からのお客さんは少ない、といったことがはっきりわかると思います。自分たちの弱点を見つけながら、商品開発に活かしていきたいと思っています。

もうひとつは、見学スペースの広場を活用して、例えば他社のキャラクターとコラボして、そこでしか買えない限定グッズを販売するなど、人を呼ぶ工夫をしたいと思っています。これまでは、特段集客の必要もなかったのですが、これからは積極的に仕掛けていきたいと思っています。

遠藤 世の中の流れが「モノ」から「コト」重視へと変わってきていて、単純に「モノ」だけでは売れなくなってきている。経験価値、つまり「エクスペリエンス」（経験）という要素をどう組み合わせていくかが大切になってきています。ただ単に「ガリガリ君」を買ってくれる、赤城の商品を買ってくれるだけじゃなくて、工場見学に行ってまさに「あそびましょ。」と思ってくれるようなものも、これから仕掛けていく必要があるということですね。

キーワードは「豊かな会社」

遠藤 先ほど海外展開の思いをお聞きしましたが、これから10年後、たとえば2030年を見据えたときに、他にどのような未来像や野望をお持ちですか。

井上 日本国内のマーケットが伸びない中で、豊かで、楽しいとみんなが思ってくれる職場と仕事を提供していきたいと考えています。私も会長と考え方が同じなのですが、やはり社員にはしっかりいい給料を出してあげたい。

遠藤　1つのキーワードは、先ほどもおっしゃった「豊かな会社」。経営において規模はもちろん大事ですが、「大きな会社」というよりも「豊かな会社」にしたいということですね。

井上　あとは、海外の仕事を、1人でも多くの社員に経験させてあげたい。短期間でもいいので、そういう機会をつくっていきたいと思っています。

今の若い社員たちは嫌がる傾向があるのですが、私はジョブローテーションが大好きで、いろいろな人にいろいろな現場や仕事を経験させてあげたいなという余計なおせっかいな思いがあります。たとえば、日本と海外を行き来できる環境をつくれば、それをモチベーションとしてくれる社員が増えるのではないかと考えています。

遠藤　それは本人たちの成長にもなるし、自分のいろいろな可能性を見い出すということにもなりますね。

井上　はい。まさにその通りです。

遠藤　この会社の中にオポチュニティ（機会）がないと判断すれば、「社外へ出る」、というのは日本でも当たり前になってきています。最近では、社外で「修行」してまた元の会社に戻ってくるというケースも増えています。要は、魅力的な「オポチュニティ」を提供できるかが優秀な人材を獲得するポイントになってきています。

井上　そうですね。仕事を通して豊かな経験をしてもらいたい。

遠藤　それが当たり前になってくると、もっともっとダイナミックに人が育っていく気がします。「豊かな会社」というのが、これからのキーワードですね。

単行本のタイトルだった『言える化』の雰囲気は、ちゃんと残っていますか。私が取材した当時は、上の人たちが聞く耳を持っていて、下の人たちが何を言ってても許してもらえるところがあったと思います。

井上　あの本が出てよかったと思ったのは、「言える化」ということを明確に書いてくださったことですね。実は、実際の社内には、「言えない」部分も残っていたんです。本になることによって、「言える化」が目指すところである、ということがはっきりしました。

遠藤　だからこそ、「言える化」の大切さを言い続けないといけないということですね。放っておくと、どの組織もすぐに上が下を押さえつけてしまうようになる。だから、自由に何でも言える風土を意図的につくっていくしかありません。

井上　そうですね。大事なのはそうした企業文化だと思っています。

遠藤　入社3年目だろうが新人だろうが、おもしろいアイデアを持っていて、本気で言っているんだったらやらせてみる。これこそが赤城乳業独自の文化です。そうした会社でなければ、「コンポタ」なんて商品は絶対に生まれてきません。

井上　そういう自由闊達さというものがなくなったら、赤城乳業ではなくなってしまうと思っています。その文化はなんとしてでも残していきます。

参考文献

本書の執筆にあたっては、数多くの書籍、新聞・雑誌記事、インターネットの情報などを参考にした。主要なものは次の通りである。

・こうやまのりお『ヒット商品研究所へようこそ！』講談社、２０１１年
・『ガリガリ君工場見学』汐文社、２０１２年
・『週刊東洋経済』２００８年8月30日号「話題喚起型の販促で発売26年目に2億本」
・月刊『潮』２０１３年4月号「『言える化』が社員力を引き出す」
・『日経デザイン』２０１３年4月号「すべてを『楽しさ』『遊び心』につなげるストーリー」

本書は、2013年10月に潮出版社から刊行した『言える化——「ガリガリ君」の赤城乳業が躍進する秘密』を改題し、加筆のうえ文庫化したものです。

日経ビジネス人文庫

ガリガリ君《くん》の秘《ひ》密《みつ》
赤城《あかぎ》乳業《にゅうぎょう》・躍進《やくしん》を支《ささ》える「言《い》える化《か》」

2019年6月 3 日 第1刷発行
2025年6月13日 第4刷（新装版2刷）

著者
遠藤 功
えんどう・いさお

発行者
中川ヒロミ

発行
株式会社日経BP
日本経済新聞出版

発売
株式会社日経BPマーケティング
〒105-8308 東京都港区虎ノ門4-3-12

ブックデザイン・本文 DTP
新井大輔

印刷・製本
DNP出版プロダクツ

写真・イラスト提供
赤城乳業株式会社

本書籍に関するお問い合わせ、
乱丁・落丁などのご連絡は下記にて承ります。
https://nkbp.jp/booksQA

Printed in Japan ISBN978-4-296-12469-5